U0274020

虫离先生

著

古人吃什么

中国画报出版社·北京

图书在版编目（CIP）数据

古人吃什么 / 虫离先生著. -- 北京：中国画报出
版社, 2025. 1. -- ISBN 978-7-5146-2474-8

Ⅰ . TS971.2

中国国家版本馆 CIP 数据核字第 2024L3C701 号

古人吃什么

虫离先生 著

出 版 人：方允仲
责任编辑：李　媛
选题策划：北京记忆坊文化
责任印制：焦　洋

出版发行：中国画报出版社
地　　址：中国北京市海淀区车公庄西路33号
邮　　编：100048
发 行 部：010-88417418　010-68414683（传真）
总编室兼传真：010-88417359　版权部：010-88417359

开　　本：32开（880mm×1230mm）
印　　张：9.25
字　　数：208千字
版　　次：2025年1月第1版　　2025年1月第1次印刷
印　　刷：环球东方（北京）印务有限公司
书　　号：ISBN 978-7-5146-2474-8
定　　价：68.00元

目录

第一部分

古人吃什么

从小麦到西瓜

——中餐赘婿 🖋

　　让我们一起回到五千年前的中国，广袤的原野上，长风袭地，走兽奔驰，天空一尘不染。假如就地支起一张巨型木桌，把当时全国的所有食材集中起来做一席盛宴，那么你会发现，很多现在熟悉的味道在这里找不到踪影。

　　如果你是"无辣不欢党"，恐怕要对这顿饭大失所望了，毕竟辣椒在明代才传入中国。而眼前这席史前大餐不仅没有辣椒，连蒜也没有，那是因为直到汉代，大蒜才出现在中国人的厨房中。

　　那么，"甜食党"的处境会好一点吗？

　　我们可以翻山越岭，攀藤上树，冒着被野蜂蜇成猪头的危险去掏弄一些蜂蜜来解馋……公元前四世纪的战国时期，甘蔗才传入我国南方，而制糖技术成熟则要等到唐代了。

　　当然，甜味还可以从其他食物中获取，比如葡萄、香蕉、西瓜。不幸的是，葡萄原产自西域，西汉时期传入中国；香蕉原产自东南亚，宋元时期传入中国；西瓜原产自非洲，宋代时期传入中国。

　　更不幸的是，回到五千年前，我们甚至吃不到任何面食，因为小麦也是外来物种。

小麦是最早"入赘"中国的食材之一，过去一千多年来，它努力成长为一个家庭的口粮支柱。回顾当年，它跋山涉水，奔赴中国的万里之旅走得着实艰苦。

栽培小麦起源于九千五百年前的西亚，那时，一支名为"纳图夫人"（Natufian）的史前人类刚刚结束游牧生活，在今天的黎巴嫩、叙利亚和巴勒斯坦一带定居。纳图夫人并不是谁的"夫人"，这个名字来自发现其生活遗址的巴勒斯坦纳图夫。纳图夫人是最早从事农耕的人类，如果把人类文明史看成一局单机游戏，那么纳图夫人就是游戏开始后玩家"制造"的第一个农民。在定居之地，纳图夫人发现了种植的奥秘，他们种植小麦，酿造啤酒，甚至为了对付偷吃存粮的老鼠，破天荒地养了猫。

以纳图夫人的麦田为中心，小麦逐渐向美索不达米亚、埃及、印度、希腊及中国传播。小麦经历了无数次杂交，经历了游牧民与农耕者的接力传递，经历了数千年史诗般的漫长迁徙，克服气候、地理等种种不利因素，于四千五百至五千年前，终于在黄河流域落地生根。

中国先民接收的第一批小麦可能已经是大幅改良后的升级版本。与纳图夫人怎么折腾都发酵不起来的初代版本、二倍体单粒小麦相比，进入中国的六倍体小麦（即现代世界最常见的普通小麦）能够形成更强大、更柔韧且富有弹性的面筋，支撑面团经受揉捏、拉扯而不断裂，在加热中充气、膨胀，松软而不坍缩。**换**

句话说，小麦甫一进入中国，就做好了成为面食的准备。但由于气候和种植经验的原因，很长一段时间，中国的小麦产量并不高。再加上汉代以前，受制于磨粉技术的落后，小麦的主要食用方式不是磨成面粉制作面食，而是像米饭一样，蒸或煮成麦饭来吃。比起香糯的大米饭，麦饭实在有些难以下咽，因此被视为粗食，一些孝子守孝期间只吃麦饭，用这种朴素克制的生活方式表达孝思。

汉代，小麦打了个翻身仗，人们开始了解这位"赘婿"的潜力，并着重栽培。其关键一役是冬小麦的崛起。冬小麦是指能越冬的小麦，秋天种下去，挺过严冬，次年春末夏初成熟，当时也叫作"宿麦"。"宿"是睡觉的意思，整个冬天，冬小麦都窝在大雪之下装死，待到暖春，又精神抖擞地站起身来。经冬不死的特性让冬小麦成为年度收成序列上的一块关键拼图，填补了冬春之季青黄不接的断粮缺口。两汉朝廷以其"接绝续乏"的功能，大力推广播种。

《后汉书》记载的关于皇帝指导农事的诏令共有十几次，其中九次对推广麦作提出了要求。官府小吏像推销员似的，三天两头往田间村口跑，拉着下地的农夫一个劲儿地唠叨种小麦的好处。麦作之所以能够形成如今的庞大规模，汉代政令推广厥功甚伟。

老话说"春雨贵如油"，即是针对冬小麦这类越冬作物而言的。虽然小麦属于旱地作物，但并不怎么耐旱，冬天"装死"的时候也就罢了，冷冻一过，它们开始长个儿，需水量直线上升。春秋战国时期，九州分裂，各诸侯国零零散散修建的那些水利工程总体上规模有限。官府再怎么号召，小吏再怎么唠叨，若没有完善的灌溉系统，农人要种小麦，只能指望贵如油的雨水，真正是靠天吃饭，生死由命，老百姓当然不愿意响应。

汉帝国国力雄厚，就有能力为推广麦作而大批量上马配套设施了。而承平之世，人口增长，东部平原的荒地得到开发，平原地区地势低、地下水位高，无论是从高处引水，还是凿井汲水，灌溉都更方便。

灌溉问题得以解决等于解开了小麦脚上的镣铐，游龙归海，野马脱缰。东汉至魏晋南北朝，从雁门关到江南，从甘肃到东海，"黝黝桑柘繁，芄芄麻麦盛"，纵马驰骋，放眼皆是麦田青。中唐以后，小麦在北方已然可以挑战小米（粟）保持了几千年的谷物老大地位，并与南方水稻分庭抗礼，这也是中唐"两税法"的实施基础。到宋代，稻麦的南北畛域被彻底打破，南方广泛实行冬麦、晚稻两熟制，麦稻联手撑起了数千万百姓的生计。

有一个容易被忽视的事实，那就是小麦普及并不等于面食普及。面粉加工必然伴随损耗，纵寸丝半粟之微，深知稼穑艰辛的老百姓也难以容忍。为俭省计，大多数人仍坚持食用蒸或煮的麦饭。

一直到唐代，面食仍属于上档次的东西。唐玄宗李隆基当王爷的时候，有一年生日，连碗长寿面都没有，岳父瞧着可怜，脱下自己的限量款"潮牌"紫半臂（短袖上衣）换了一斗面粉，才给李隆基擀了碗面条。堂堂王爷尚且如此，更不用说普通人了。

两汉之时，老百姓的日常主食就是饼饵、麦饭、甘豆羹。甘豆羹占得一"甘"字、一"羹"字，看上去仿佛是什么香香糯糯的甜粥，其实不过是淘米水煮豆子而已。而麦饭的主流做法也是加入大豆合煮。

陆游《戏咏村居》中有句"日长处处莺声美，岁乐家家麦饭香"，可见在南宋时期，江南人家依然不乏煮食麦饭者。

沿着诗词的线索追至明代，方见徐渭《岳坟》："肠断两宫终朔雪，年年麦饭隔春风。"李贞《清明前一日》："明朝又是清明节，麦饭谁供十五陵。"童轩《寒食书感》："城南麦饭谁浇墓，山下梨花自吐香。"在明代诗人笔下，麦饭大多用于祭祀，可能当此之时，世人才渐渐不复食用。

二月的云南罗平、三月的重庆潼南、四月的浙江瑞安一片花海，蔓延半个中国。若有机会沿这条线路驱车穿行，从千顷梯田到江南水乡，天清云淡之下，全程相伴的是芬芳醉人的金黄油菜花。

油菜是世界上最具观赏性的可食用植物之一，也是当前重要的油料作物，中国古籍称为"芸薹"。

芸薹除了特指油菜，在现代生物学分类里，还指一批近亲蔬菜组成的"芸薹属"。芸薹属植物原产于地中海沿岸，传入中国的时间极为久远，可以追溯至史前时代。传入之初，芸薹属植物的子用、叶用和根用之分，尚未如后世那样泾渭分明，古人将这一类蔬菜统称为"葑"。《诗经·唐风·采苓》写一个遭谗言中伤之人在首阳山疯狂挖菜，"采葑采葑，首阳之东"，挖的就是各种芸薹。

随后，中国人满级的种菜技能开始发挥威力，硬生生把芸薹属植物分化开来，中国人想吃它的根时，就把根部养得极大，培育出了腌咸菜用的芥菜疙瘩；想吃茎时，就把茎部养大，变成了榨菜；想吃菜薹，培育出了做扣肉的梅菜；榨油的油芥菜照例保留下来；最后一部分经过不断改良，分化为一种新型蔬菜——小白菜。

小白菜从"葑"的家族分家独立的时间不晚于汉代。汉代人瞧着小白菜青翠而耐寒，犹如矫矫松柏，便赠给它一个"松"字，复加草字头，造就了小白菜使用时间最久的名称——"菘"。

历史上，"菘"主要是指小白菜。大白菜出现的时间较晚，约莫到唐代，散叶大白菜的雏形才渐渐显现。大、小白菜外观差异巨大，共用一个名字很不方便。到南宋，大白菜也有了自己的名号——"大曰白菜，小曰菘菜"，白菜之名开始行于世间。

中国古代的植物，命名繁杂混乱，其中有两种情况最令考证者头痛。一种是同名异物，比如大、小白菜曾经共用一个名字。还有一种是同物异名，拿小白菜来说，如今它的正式中文名称叫作"青菜"，通称"小白菜"，历史上叫作"菘"；而在民间俗称中，北方人将它叫作"油菜"，南方人将它叫作"青菜"。

南方人逛北方的菜市场，对摊主说："老板，给我来份青菜。"

摊主可能会茫然地问："嗯？青菜？什么青菜？青色的菜？菠菜？油菜？茼蒿？莴苣？"

南方人指了指小白菜。此时，南方人、摊主和小白菜的内心都是崩溃的。

摊主："这叫油菜好吗?!"

南方人："油菜?这才不是油菜，油菜是会开油菜花、能榨油的!"

但即使南方人说"给我来份小白菜"，北方摊主拿的多半不会是小白菜，而是散叶大白菜的幼苗。

不妨用一个简明的表格来体现双方的认知差异。

	提到油菜时	提到小白菜时	提到青菜时
北方认知	小白菜	散叶大白菜的幼苗	那是什么?
南方认知	油芥菜	小白菜	小白菜

白菜好种植且产量可观，古人有时赖以救荒济难。元顺帝至正十七年（1357），朱元璋攻克扬州，兵火劫余，城市一片废墟，百姓就猫着腰在瓦砾之中采收大白菜。那些白菜个头儿极大，"大者重十五斤，小者亦不下八九斤，有膂力人所负才四五窠耳"，壮汉一次最多只能背四五棵。彼时的大白菜以散叶大白菜为主，明代中叶，结球大白菜也被培育出来，至此，大白菜的队伍基本成型。

白菜产量高，无奈那会儿猪肉、粉条产量并不高。普通百姓家庭，白菜最常见的食用方法是腌食。北魏贾思勰所著的《齐民要术》记录了早期白菜腌制的方法，操作相当简单：新鲜的白菜叶用盐水清洗后，浸泡于另一份盐水里，封存起来即可。取食的时候只需要洗掉盐水，味道甚至与鲜菜无异。

葱

原始的野生葱类来自北方，大葱原生西伯利亚、西域以及漠北地区，帕米尔高原即以其悠久的产葱历史，在中国古籍上被称为"葱岭"。小葱原产自中国，不过若回到三千年前，生活在中原的夏、商、西周人是吃不到小葱的。当时，小葱掌握在境外部族手里。春秋时期，位于今河北、辽宁南部一带的燕国屡遭北邻山戎族侵掠，燕庄公邀请当时最强诸侯、霸主齐桓公帮忙，齐军北上大破山戎，将缴获的战利品小葱带回山东。现在，山东大葱产量占全国的三分之一，稳居全国之首。

中国人喜欢葱，葱、姜、蒜三大中餐"御前卫士"中，葱的应用率最高。生葱的辛辣与加热的油脂相遇后，激发出强烈的浓香，单凭这股香气，就足以唤回在外贪玩的孩子，唤醒所有饥饿的神经。

从古老的菜谱——北魏贾思勰"贾指导"所著的《齐民要术》里，我们能找到一千五百年前葱的广泛应用：

羊胃为容器，装进薄薄切片的嫩羊肉、羊脂、豆豉、盐、撕开的葱白、生姜、花椒、荜茇和胡椒，埋入泥土，于上方燃起火堆，约一顿饭的时间焖熟挖出。

将动物肠胃作为天然器皿，最大限度汲取各种食材本身的味道，融合为复合口感。该方式不独中国古今一贯，欧洲人也喜欢。号称苏格兰"国菜"的哈吉斯（Haggis）可译为"肉馅羊肚"，这是每年1月25日伯恩斯之夜（Burns Night）苏格兰人的保

留大菜，取羊的内脏混合洋葱、燕麦，切碎加入盐和香料并塞进羊胃，小火煮熟。打开羊胃那一刻，完全不曾泄漏的鲜香轰然释放，吸收了葱香、椒麻的羊油渗入羊肉，鲜嫩多汁，构成饱满而又层次分明的味道。

茄子

　　普普通通一道家常菜"地三鲜"用到了三种食材——茄子、土豆、青椒，其中茄子来自印度，土豆和辣椒来自美洲。看不出来，地三鲜居然是一道印度、拉美混合菜，诚可谓深藏不露。学会这道菜，大可拍着胸脯告诉朋友："我会做印度菜和拉美菜，改天尝尝我的手艺！"朋友兴高采烈地赴宴，偌大的餐桌上端端正正摆着一盘蒸茄子、一份烤土豆。

　　茄子刚刚传入我国那会儿相当金贵，普通人难得一尝。隋炀帝还特意为茄子取了一个煊赫的名字，叫作"昆仑紫瓜"，听上去仿佛某种服食后可以增加几百年修为的神话仙草，连天子都倾心至此，足见茄子的魅力。

　　历史上第一道茄子烹制教程见载于《齐民要术》，来看看一千五百年前的古人是怎么吃茄子的。

　　　　材料：茄子、葱、黄豆酱、花椒、姜。

　　　　茄子纵向切成四条，葱白切丝，姜切末。

　　　　茄条入沸水略焯捞出。

油烧热，葱丝、黄豆酱爆香，下茄子炒。

注水焖熟，最后放花椒和姜末。

这道"焦茄子"大抵可视作红烧茄子的雏形。其中，黄豆酱和葱丝下锅爆香的工序在今天炒菜中司空见惯，但北宋之前，这种炒法至为罕见，贾思勰"贾指导"这套操作就显得相当超前。"贾指导"的超前之举非此一端，后面我们将陆续领教。

茄子可食用部分由发达的海绵薄壁组织构成，质地松软，一些长茄果肉细胞排列松散，所以烹制中既吸水，也吸油。该特性使得茄子入馔的上限极高，下限也极低。如果处置得宜，吸饱汤汁的茄子入口便似烟花，爆浆四溢，异彩纷呈，红烧、鱼香、糖醋、蒜蓉、杂烩，各法得各味，皆是顶级享受。倘若茄子落在不谙调鼎的庸厨手上，一时冠冕委地，落魄丧魂，软塌塌、黏糊糊、水汪汪而毫无滋味，就很难不令人蹙眉叹息、举箸踟蹰了。

化平凡为精彩的一个简单直接的办法就是多油，这一点同样为中外所共识。土耳其有道名菜，叫作Imam bayaldi，意思是"神父晕过去了"，却不知是好吃到晕倒，还是吃太多撑得昏死了过去。概述其制法，纵向剖开茄子，在其中塞满西红柿、洋葱、辣椒和香料之类馅料，浇淋大量橄榄油，置于烤盘烧烤。

元明之际，茄子的产量提高，这道隋炀帝口中的仙株瑞果俯仰默默，散入寻常百姓家，中国人也悟出了用油炸法处理茄子的妙谛。假如回到元代逛书肆，你可能会留意到一本书名极具现代感的手册，叫作《居家必用事类全集》，书中就记有一道油肉酿茄的做法。

> 茄子剜瓤，同几个切块的茄子蒸熟。剜瓤的空心茄子油炸至金黄，茄块研磨成泥。精羊肉切臊子，松仁捣碎，调以盐、酱、生姜、葱、橘皮丝，醋浸，炒熟，与茄子泥拌匀，全部填入空茄子，蘸蒜泥享用。

明代，炸茄盒正式亮相："茄削去外滑肤，片切之。内夹调和肉醢[hǎi]，染水调面，油煎。"茄子削皮切片，夹以调味的肉馅，裹面糊，油煎。明代松江人宋诩的《竹屿山房杂部》称此为"藏煎猪"。至于称扁状的夹馅煎炸食品为"盒子"，则是清朝人的习惯了。

中国是有原产苹果的，不过今天我们吃到的大部分苹果是近两百年间陆续从欧美和日本引进的外来品种。

栽培种植苹果的老家位于中亚，距今两千万年前的第三纪末，最古老的塞威士苹果已经在天山脚下发荣滋长。世界上的水果之所以大多比蔬菜好吃，一个重要原因是为了吸引动物食用，以便把种子带往其他地方开枝散叶。所以说，在人类出现之前，水果就开始自行传播了。塞威士苹果采用这种方式，经过千百万年的传播，分出了几个亚种，其中一支分布在新疆伊犁地区，故名新疆野苹果，即中国的原产品种。

这位中国苹果的老祖宗长得完全一副野果模样，果实直径仅

2.5～4.5厘米，个头儿最大的也不过乒乓球大小。笔者无缘，没啃过新疆野苹果，从其直系后代"奈"［nài］的口感推测，大抵绵而不脆，淡甜少汁。这也难怪，倘若原产品种口感出众，哪里犯得着大费周章另行引进？

两千年前，新疆野苹果的演化品种——奈，沿丝绸之路进入汉武帝位于长安的上林苑，从此在汉地扎根。奈的口感偏绵，后世俗称"绵苹果"。据《西京杂记》语焉不详的记载，上林苑的奈有白奈、绿奈。汉代还有一种紫奈，核紫花青，汁液如漆，衣物沾染上很难清洗，因名"脂衣奈"。

最稀奇的是北魏洛阳白马寺的巨奈，一颗重达七斤，如此庞然异种，纵使置诸当今，恐怕也难觅敌手。日本青森"世界一号"苹果，单颗重一至三斤，已然号称全球最大，与白马寺巨奈相比，亦不免相形见绌。因此果太过罕见，寺僧需严密看守，待到成熟之时，天子降旨，摘取送入深宫。偶尔赏赐宫人，宫人舍不得享用，往往当成重礼转赠亲戚，亲戚也舍不得吃，复转赠他人。如此转了又转，赠了又赠，不知经历几手，最后腐烂为止。

到了元代，有人从佛经中得到灵感，给奈取了一个别名，叫作"频婆果"，简写为"频果""蘋果"，这就是苹果之名的来由。

此外，中国还分布有几种奈的变种，或与奈为平行关系的原产苹果。前者如林檎，后者如花红和楸［qiū］子（海棠果）。林檎也叫作"来禽"，这是因为每当成熟，总会引来小鸟驻足。仰望枝叶之间，鲜红的果子和啼鸣的小鸟相映成趣。花红，又叫作"沙果"，口感较奈出色，爽脆多汁。今天韩语"苹果"的发音依然很接近"沙果"，而日文"苹果"则直接写作"林檎"。

西洋苹果的远祖也是中亚的塞威士苹果，与柰相对独立的演化进程不同，西洋苹果在演化之路上吸收了高加索东方苹果和欧洲森林苹果的基因，变得清甜多汁。大航海时代，西洋苹果远赴美洲，杂交出国光、蛇果、黄元帅等品种。随后，这些美洲品种又去到日本，培育出了当下最负盛名的富士。

清同治十年（1871），美国人将西洋苹果携至山东烟台种植，大而脆的外来品种逐渐取代了本土的柰。短短一百五十年，西洋苹果在中国混得风生水起。据美国农业部的数据，2021年，全球苹果总产量约八千二百万吨，其中中国独占四千五百万吨，超过其他国家产量总和。

外来食材阵营里，水果军团阵容强大。如今，除苹果外，葡萄、菠萝、香蕉、西瓜，均已经成长为水果界的一线巨星。

古书也常常提及吃瓜群众，但宋代之前说到的"瓜"多指冬瓜、甜瓜、越瓜、瓠瓜，而非西瓜。

西瓜就像贾宝玉口中的女孩子，92%的成分是水，名副其实"是水做的"。作为世界上水分比例最高的水果，它的原产地却位于干燥的非洲中南部的卡拉哈里沙漠。五千年前，埃及就引进了西瓜，希腊则要到公元前四世纪才出现吃瓜群众。西瓜一路辗转，经埃及、古罗马、西亚、回纥、契丹，漫漫数千年方传至中土。

南宋初期，礼部尚书洪皓出使金国，被金廷扣留十五年，其间不卑不亢，宁死不屈。后来随着韩世忠、岳飞、刘锜等名将横空出世，宋金的战争形势有所改观。宋高宗绍兴十三年（1143），金国释放洪皓，洪尚书走的时候顺便带了一批金国的西瓜，回到江南栽培成功。

当时，黄河以南中原之地遍地是瓜。洪皓归国二十多年后，南宋范成大北使金国，写下大量见闻诗作，其中就有一篇名为《西瓜园》的诗：

味淡而多液，本燕北种，今河南皆种之。

碧蔓凌霜卧软沙，年来处处食西瓜。

形模濩落淡如水，未可蒲萄苜蓿夸。

按照范成大的说法，彼时，西瓜味淡如水，甜度尚不及葡萄。事实上，多数果蔬的古今口感差异巨大。同样是吃瓜，比起经过千百年改良后我们现在所得的体验，宋代人的体验相差甚远。

古今差距更大的是产量，据联合国粮食及农业组织统计，2019年，全球西瓜产量约一亿吨，其中，中国产出约达六千零八十六万吨，约占全球总产量的60%。更令人瞠目的是，这六千多万吨西瓜中，只有不到零头的4.7万吨供给出口，剩下的全被咱们自己吃掉了。

玉米

据国家统计局关于2016年粮食产量的公告，现代中国粮食产量排行榜上，小麦只能名列第三，排在第一的是玉米。

与小麦相比，玉米是绝对的后起之秀。直到明代中期，这位粮食界的首席大神才从美洲漂洋过海而来。大约同一时期，与玉米一道搭船来到中国的美洲老乡还有番薯（地瓜）、马铃薯（土豆）、花生和向日葵。

其实很多人类长期赖以生存的谷物原本只是野草，粟（小米）由狗尾草改良而来，玉米的祖先是墨西哥地区一种株型很小的野草。大约距今九千年前，印第安人在墨西哥高原的谷地尝试栽培玉米并获得成功。大航海时代，玉米跟随欧洲船只登陆欧洲，最晚于十六世纪中叶，经茶马古道，从印度、缅甸传入中国。

玉米在中国落地生根后，惊讶地发现这里的土地和气候极其适合自己生长——中国约有半数耕地适合种植玉米。

明朝末年，朝廷昏庸，战乱四起，加上自然灾害，全国各地灾荒频仍。这时，更容易存活的玉米和番薯担起抗灾救荒的角色，开始被大量栽植。

到了清朝，借着官方的大力推动，北方和西南掀起种植玉米狂潮，在一些山多田瘠的贫困地区，玉米跃居主粮之首。乾隆三十二年（1767）河南《嵩县志》记载："山民玉黍为主，麦粟辅之。"光绪年间的《遵义府志》更是直言："玉蜀黍……农家之性命也。"其结果就是不到两百年，清代人口从清初顺治年间的1.2亿暴增到咸丰年间的4.3亿，直接奠定了中国作为人口大国的基础。

　　其实明代这批南美移民的中文俗称都有些张冠李戴。其中玉米还算正常，玉米与水稻同属禾本科，称之为"米"尚说得过去。其他几位的帽子可就歪得厉害了。番薯俗称地瓜，通常所说的"瓜"，诸如黄瓜、西瓜、冬瓜、南瓜，皆属葫芦科，而地瓜却是旋花科植物，因此地瓜并不是瓜；土豆也不是豆，豆科植物没有它，它的真正身份是茄科植物；西红柿不是柿，而是茄科植物；向日葵也不是葵，中国传统的葵指的是锦葵科植物——冬葵，严格来讲，向日葵是一种菊类。

　　西红柿是一位知错能改的好同志，俗名取得不对，正式名称便改叫"番茄"，算是正名责实，认祖归宗。而地瓜的俗称却戴了人家葫芦科的帽子，正式名称"番薯"却又顶了薯蓣科植物的名。"薯"字原为薯蓣即山药所有，山药古称"储余"，意思是可供储存的余粮。有时储余写作"藷藇"，后来渐渐演化为薯蓣。等到地瓜、土豆传入，世人瞧着它们埋在地下的模样与山药类似，于是比照薯蓣，将其命名为番薯和马铃薯。如今提到"薯"字，大家首先想到的恐怕不再是山药，而是后来者番薯和马铃薯了。

　　番薯驯化于五千年前墨西哥到危地马拉一带的中美洲。1492年，哥伦布抵达美洲大陆，发现很多土著在吃这种"像胡萝卜一样的东西"，他设法收集到一批并带回了西班牙。十六世纪，番薯随同奴隶船只输入非洲，接着先后传到印度、菲律宾、马来西亚和印度尼西亚。1571年，西班牙占领菲律宾马尼拉，以此为中继站建立起中国—马尼拉—美洲—欧洲的"大帆船贸易"线，中国的丝绸、瓷器、茶叶经马尼拉中转，运往美洲，再运往西班牙。美洲的墨西哥鹰洋（银圆）则沿着这条航线输入中国，纾解了当时大明帝国白银短缺的困境。番薯很有可能也是沿着这条线路抵达菲律宾的。

明神宗万历二十一年（1593），福建商人陈振龙从菲律宾携带番薯回到福州长乐县（今长乐区），扎下了中国第一棵番薯根苗。当时正遇年荒岁歉，次年，福建巡抚即通饬全省栽植，结果"秋收大获，远近食裕，荒不为害"。后人盛赞陈振龙引种番薯、救荒活民之举："嘉植传南亩，垂闽第一功。"

"南美四杰"——玉米、番薯、马铃薯和花生引入前，中国仅以全世界十二分之一的可耕地，养活了全世界四分之一的人口。造成粮食压力的一个重要原因是传统主粮小麦和水稻的种植地区限制。这两种作物需水量大，最好种在地势低平之处，可中国有大量的山地和缺水的沙地，这些地区不能种粮，于是人口大量集中在平原地区，去瓜分那一点儿可怜的田地，导致不得不局促地精打细算着，勉强糊口。

英国政治经济学家托马斯·罗伯特·马尔萨斯曾提出一个著名的理论：人口的增长速度往往比食物产出的增长速度要快，一旦食物供应跟不上人口增长，人均粮食占有量降至温饱水平以下，社会将陷入混乱，爆发饥荒和战争，这就是"马尔萨斯陷阱"。

在封建社会，生产力进步很慢，同样一亩地，明成祖时，年产三百斤，到了明神宗时，可能增加到三百二十斤，却极不可能靠科技创新猛增到六百斤。而人口增长却不需要科技创新。当人口增长将粮食增产的红利抵消殆尽，整个帝国就会掉进马尔萨斯陷阱，即使国家财政收入一年比一年多，但老百姓人均收入却越来越少，不可避免地越来越穷。

要想爬出这个陷阱，只有两种办法：要么减少人口，要么增产粮食。显然，减少人口的办法不现实，那么只好指望粮食增产。过去几千年来，能种稻麦的田地基本在种，单位面积产出也就那样，再努力也提高不到哪里去。就在这走投无路之际，番薯从天而降，如同拂晓的晨星、雨雾中的明灯，穿透黑暗，渡海而来。一经引种，立时清开大片地图迷雾，为从前那些不毛之地点亮了人烟灯火。

番薯耐旱、抗风，不惧蝗灾，极易存活，山上种得活，沙地种得活，甚至盐碱地都种得活，简直就是为开荒而生的。倘若遇上饥荒，稻麦不熟，难以果腹，就算番薯未完全成熟，无非个头儿小一些，口感差一些，充饥是没问题的。

比起小麦和水稻，玉米和番薯不必经过复杂繁重的收割、脱壳、研磨工序，在田间胡乱点把火，掰个玉米、挖个地瓜烤一烤就能填饱肚子。有了玉米和番薯作为坚实的温饱后盾，大家不用再担心吃不饱，便放开手脚生孩子，人口越来越多，就越来越需要更多的耕地，于是继续开荒种地，开启"生孩子—种玉米番薯—再生孩子"的无限循环。

从马尔萨斯陷阱爬出来，清帝国的人口增长解开了食物供应的脚镣，一路高歌猛进。同时，税收增加，饥荒减少，社会也变得安宁多了。乾隆帝陶然于自己的巍巍圣德之余，真该给番薯题一块匾，就写：有地瓜，勇敢爱。

食材传入表：

传入朝代／年份	食物	从何处传入
先秦	小麦	西亚
	大麦	西亚
	高粱	东非
	皮燕麦	西亚
	芸薹属部分植物	地中海一带
	葱	西伯利亚
汉	葡萄	中亚
	核桃	
	石榴	
	黄瓜	
	蒜	
	蚕豆	
	旱芹	
	芝麻	
	芫荽（香菜）	
	茴香	
三国两晋南北朝	茄子	印度
	扁豆	印度

传入朝代／年份	食物	从何处传入
隋、唐、五代	无花果、巴旦木、菠菜、莴苣、开心果	西亚、中亚
宋	西瓜	非洲
元	香蕉	东南亚
	胡萝卜	中亚
	洋葱	中亚
明	菠萝、菇娘、辣椒、南瓜、土豆、甘薯、向日葵、玉米、花生、番茄	南美洲
	苦瓜	非洲 - 印度
清	苹果	欧洲 - 美洲
	花椰菜（菜花）	欧洲
	甘蓝	欧洲
	草莓	美洲 - 欧洲
	西葫芦	美洲 - 欧洲

稻粟
——左右护法
🔲

　　外来食材大军浩浩荡荡，对中餐文化和格局产生了巨大冲击。

　　那么问题来了：外来食材传入之前，我们的先民们究竟吃什么？

"吃草"！

现代流行语境里，"种草"是指被美好事物勾起消费欲望的过程。早在七千年前，我们的祖先就已经是名副其实的"种草""拔草"小能手了。

如上一章所说，小麦是外来的、玉米是外来的、番薯是外来的，那么，小麦、玉米、番薯传入前，我们的先民们如何解决主食问题？

在那个以采集野果和渔猎果腹的时代，广袤大地上最常见的是大片大片的野草。

一旦采不到果子，打不到猎物，就要坐在草丛里挨饿。饿扁肚子的先民泪眼汪汪地瞧着绿油油的野草，不由得咽了咽口水。

条件艰苦，先民培养出一种优秀品质：什么都敢吃，什么都能吃，绝不挑食。在那样的时代，挑食基本相当于绝食。

由于生计所迫，他们决定尝试着吃草。在尝过几种草后，发现有一种狗尾巴草的籽实不仅能吃，而且香甜充饥。更重要的是，狗尾巴草非常好种植，春天撒一把种子，稍加打理，秋天就能采收了。

我们的祖先们领悟到了细水长流的道理：靠打猎养家，饥一顿，饱一顿，终究不是长久之计，哪有种狗尾巴草靠谱？于是大规模种起草来，以渔猎获取食物的生活逐渐向农耕生活转变，一个伟大的农耕文明悄然诞生了。

这种划时代的植物就是狗尾粟。直到今天，它的籽实依然是常见食物，我们通常称之为小米。

小米古称"粟""稷"，俗称"谷子"，它是小麦崛起前，北方最重要的粮食作物，中唐以前，长期位居五谷之首。中国是粟的起源中心，距今八千年前的河北武安磁山文化遗址已发现有粟的遗存。

在某些古老时期，粟一度成为中国的象征。梵语称粟为"Cinake"，印地语称之为"Chena"或"Choen"，古吉拉特语称之为"Chino"，皆为"中国"之意。古人将国家称为"社稷"，这两个字分别指代土地和粮食，有土方有国，有粮方有民，以粟（稷）为粮食代表，足见其地位和对于中华文明形成发展的意义。

种粟灌溉的用水量仅为种小麦的一半，因此它更适合在北方干旱地区，特别是地势较高的地区种植。没错，我们说的就是黄土高原、豫西山地和黄河下游的丘陵地带，而这些地方也正是先秦华夏文明的中心。

春秋战国至南北朝，粟作发展至鼎盛，世称"五谷之长"。直到唐代前期，其他粮食都还被称为"杂种"，更显示了粟的"正统"。中唐以后，在稻麦南北夹击下，粟的首席地位才慢慢不保。明末"南美四杰"入华，粟的地位进一步下降，几乎沦为杂粮。

中国是世界上最早驯化和栽培水稻的国家，浙江上山遗址出土的稻壳距今超过八千年。

米饭的最初吃法是煮，与今天熬粥类似，由于加工工具落后，吃这种原始的粥常常会吃到带着壳的米粒。后来炊具进步，蒸饭出现了。这是米饭食用史上革命性的进步，犹如二十一世纪初智能手机的问世。

相比起粥，蒸饭是独立的操作系统，没有汤汁捆绑，能够自由搭载其他各种食物。比如《礼记·内则》中记载，周王朝的王公贵族就喜欢把香浓的肉酱厚厚地浇在米饭上，叫作"淳熬"，这种吃法被列入大名鼎鼎的"八珍"，属于盖浇饭的初期版本。当时用来搭配米饭的酱，选料不止肉，简直五花八门，相当奇特，值得说道说道。

《左传·曹刿论战》中曹刿有句骂人的名言——"肉食者鄙"，按今天的话说就是"吃肉的人脑子不好"。在先秦，能吃上肉的九成九是贵族阶层，曹刿用区区四个字就拐弯抹角地骂尽了天下贵族。那个时候，肉类供应紧张，即使是贵族，也不是顿顿能吃到肉的。所以厨子们会选择一些其他食材，配合肉类制作酱料。

周王室有个专门制作酱料的部门，叫作"醢"，平时这个部门的厨子就负责想尽办法配制供王室食用的酱料，他们选用的食材可谓五花八门，包括蚂蚁卵、大蜗牛、蝗虫的幼虫……

将这些乱七八糟的虫子统统扔进石臼，捣得稀烂，然后一本正经地端到周天子面前。周天子来者不拒，眉头都不皱一下，黑暗料理随便上，不敢吃算我输！

在那个时代，吃米饭直接用手抓。但作为礼仪之邦，凡事都有配套礼仪，手抓饭也绝不是乱抓一气，相关部门甚至制定了一套"君子手抓饭指南"，收录在《礼记》里，概括如下：

> 不能把米饭握在手里捏成球，不能抓了饭再扔回盘子，不吧唧嘴，席间不剔牙，吃饭的时候不允许喂狗，还有很重要的一点——不用筷子吃米饭。

当时之所以不用筷子吃米饭，是因为筷子是专门用来在鼎、锅里捞炖煮食物的，类似今天吃火锅时漏勺的用法。

唐代之前，中国上层阶级的士人吃饭一直采用严格的分餐制。当时没有高脚家具，大家用类似跪坐的姿势坐在席前，每个人面前守着一份自己的食物，食物和嘴巴的距离很远。而受制于礼仪和餐具的重量（当时贵族的盛器餐具多为青铜质地），又不能端起碗来把嘴凑上前吃。所以我们很容易想象，直挺挺地跪坐着，伸筷子去夹矮几上的米饭是何等高难度的操作，恐怕一碗饭吃完，身前要撒落半碗。而手抓则规避了这种浪费粮食的情况。

而且，古人相当介意在吃饭中交换口水，所以，虽然古代卫生条件有限，但古人吃饭并不"脏"。至于把沾满饭粒的筷子伸进火锅这种粗鲁举动，从古至今，无论在哪个时代，都不会受人待见。

中国人使用筷子的历史悠久，但"筷子"之称要到明代才普及使用。在此之前，筷子的官方名称是"箸"。

明朝，江南一带兴起很多避讳，比如认为"离""散"不祥，为此给梨取名"圆果"，伞改称"竖笠"。船家忌讳"翻"字，一切发音与"翻"相似的字眼都不许出现。同样，水面上也忌讳"住"字，于是，船上的人给箸取了一个新名字，叫作"快儿"。我们能想象这个名字诞生初始必然闹过一些笑话，有急事赶路的过客来到饭铺吃饭，连声催促道："快快快！"于是跑堂伙计笑嘻嘻地拿上来三双筷子。

时间来到秦汉，米饭又多了一种新吃法：早上蒸熟的米饭先吃一半，另一半铺开在阳光下晒干，使之不易迅速变质。傍晚，结束一天的劳作，回到家后，干米饭泡水，再配一些腌菜，晚饭就有了。

听起来寒酸，但这就是当时日出而作、日落而息的普通百姓生活。而富人、贵族则又不同。《北户录》是一部关于今广东、广西、海南一带风物民俗的唐代笔记，其中记录，当地大户人家为新生儿办满月酒宴，要准备一种特殊的米饭——团油饭。用到的食材包括：煎虾、烤鱼、鸡肉、鹅肉、猪肉、羊肉、灌肠、鸡蛋羹、姜、桂皮、盐、豆豉，如此丰盛的一碗米饭不啻一顿大餐。

唐敬宗宝历元年（825），大内司膳流出一份御用食谱，其中一款"清风饭"专供夏季享用。吃米饭还分季节？唐朝天子就有这般讲究。炎炎夏日，溽热难当，忽然一阵清风袭来，登时酷暑扫尽，遍体凉爽，那是夏季最奢侈的体验，"清风饭"便取此意。选材用极品水晶米、杨梅、冰片、精炼牛乳——都是寒性食材，米饭蒸罢，先垂入冰池，经过冰镇，再呈上御案。

唐朝是道教全盛时代，好道者众多，他们炼丹服药，避世清修。这些人清高得很，有些不食人间烟火的意思，可毕竟做不到真正辟谷，人间烟火总还是要吃的。于是一种面向修道者的米饭问世了：蒸藕切丁，内圆外方，色如白玉，形如古井，以莲藕的清香搭配稻米的芬芳，这就是"玉井饭"。一碗米饭吃出仙丹的感觉，恐怕只有浪漫的唐朝人了。

明代李时珍所著的《本草纲目》中记载有一种清新脱俗的

"青精饭"，实用功能很强，它的制法与生长在中国南方一种名为"南烛"的植物有关。取南烛木枝叶揉捣得到青黑色汁液，用来浸泡稻米，九蒸九曝后制成的"青精饭"，米粒紧小，黑如璧珠。这样制得的米饭不易坏馊，储存期长，还有强筋益颜、延年益寿之效。

水稻真正迎来"爆发"是在宋代。北宋第三位皇帝宋真宗时期，从越南一带引入了生存率更高的占城稻改良水稻品种，水稻产量大幅提高，形成"湖广熟，天下足"，一处粮食供全国的局面，也成为南宋偏居一隅却能养活庞大人口的最有力支柱。

根据联合国粮食及农业组织《2021年世界粮食及农业统计年鉴》的数据，2021年，全球农作物产量前四名分别为甘蔗（19.5亿吨）、玉米（11.5亿吨）、小麦（7.66亿吨）和水稻（7.55亿吨）。考虑到甘蔗并非主粮，玉米的大部分产量是用于饲料和工业加工，而非食用，从中国走出去的水稻已然成为这个星球最重要的资源，与小麦联手，扛起了人类的生存大计。

大米、小米之外，还有一种不得不提的曾唱主角的主食——黍。

黍的外形近似小米，由于颗粒更大一些，所以也叫大黄米，口感香甜黏糯。

周天子最负盛名的御膳招牌菜"八珍"由六道肉菜和两种盖饭组成，一为肉酱浇稻米饭，一即肉酱浇黍米饭。

而对于寻常农家来说，"故人具鸡黍，邀我至田家"，杀鸡蒸黍，几碟腌菜，一坛老酒，便是能让客人感受到诚意的丰盛大餐。

　　黍比以耐旱著称的粟更耐干旱，且生长期短，生存能力强。黍的驯化时间可能早于粟，一度占据旱作农业的主导地位，为远离东部沿海、干燥少雨的黄土高原所独宠。直到小麦和玉米入局，这两种外来的粮食不但夺了粟的皇后之位，连黍的正妃之位也一并夺走了。

　　随着小麦的产量不断提高，面食取代了麦饭、粟饭和黍饭，成为北方人的最爱。到了明末，同样耐干旱但更高产的玉米传入，迟暮的黍米逐渐远离主流主食之列。

　　今天，只有内蒙古、陕西、山西部分地区仍然以黍为主要作物，当地人称为"糜子"。黍米饭也早已投闲置散，取而代之的是用豆沙、枣泥做馅儿的糜子面黄馍馍。馍馍的香糯，夹心的酸甜，剪纸、爆竹和高高的天空，构成了无数陕北人的童年记忆。

　　清晨，穿行在陕西早市熙熙攘攘的人流里，可以嗅到城市令人精神焕发的勃然生机，那是炸油糕的香气。糜子面做成环形，或者拍成裹着各种精致馅儿料的糜子面饼，伴随油炸的"呲呲"声，渐渐泛起金黄，香气扑鼻。这个时候，来上一碗泡着麻花、杏仁、芝麻、花生的油茶，或者热气腾腾的羊杂汤，各种味道在舌尖交替绽放，浓香加浓香，既唤醒了味蕾，也唤醒了周身上下所有的神经，美好的一天由此开始。

花椒

有些陕西人的一天是从一碗油泼臊子面开始的，而辣椒是臊子的关键。陕西同四川、重庆一样，现代美食体系得以形成，需要感谢明代从美洲传入的辣椒。在辣椒出现之前，花椒及其特殊的口感已经驻留在中国人舌尖几千年。

花椒是中国原产香辛料的代表，花椒树结实累累，历来被赋予多子多福的好彩头。

西汉未央宫中，有宫室遍用椒泥涂壁，谓之"椒房"，是皇后专用寝殿。寓意极好，但这种房子到底适不适合居住就很难说了。椒房的第一位住客是汉高祖刘邦的皇后吕氏。这样说来，吕后是住在一个庞大的调料盒里啊，不知道她住在这里时会不会经常打喷嚏。

自古以来，四川和陕西就是花椒的两大原产地，所以花椒也有"川椒""蜀椒""秦椒"之称。很久以前，先民就注意到花椒与肉搭配的神奇效果。在这里，我们要再次请出"贾指导"，他在《齐民要术》中列举了大量花椒应用于烹饪的例子，譬如蒸猪头：

　　猪头去骨煮至水沸，切小块，洗净，涂抹清酒、盐、豆豉蒸熟。蘸姜末、花椒末食用。

再如令"贾指导"赞不绝口的"酸豚"，主体食材选用小乳猪：

小乳猪斩块，保证每块都带皮，同葱白、豆豉汁一道炒香，放少许水，煮烂。出锅前下粳米、葱白、豆豉汁。吃的时候拌以花椒和醋。

又灌羊肠：

羊大肠处理干净备用。羊肉剁成馅儿，以葱白、豆豉汁、盐、姜、花椒末调匀，灌入羊肠，烤熟，随食随切。

南北朝时期，兼任文学家的吃货吴均写了一篇《饼说》，介绍了一种肉饼的做法：

精选小牛犊肉、羊肉、葱白剁碎为馅儿，包裹在薄薄的面皮里，压成饼状，入炉烤熟。然后，橘皮、花椒、盐剁碎，均匀地撒在鸡肉上。牛羊双料馅饼，配上椒盐鸡块。

至今，这套一千五百年前的食物搭配似乎还能在某些国际化的流行快餐店里见到。

中国的原生果蔬品类为数极多，妈妈们叮嘱"多吃水果蔬菜"的历史可能比我们想象的还要长。

关于水果的户口，似乎存在这样一种定式思维：中国原产水果，应该是比较常见、售价便宜的那些，比如梨、桃、杏、枣。但上一章我们也看到了，其实像西瓜、葡萄这样如今常见的水果是"上门女婿"。

反倒是猕猴桃、樱桃、柚子这几位看上去带着点儿精致优雅、异域气质的才是根正苗红、土生土长的名门闺果。

严格来说，今天市面上常见的猕猴桃确实有些"混血"血统。

二十世纪初，一位新西兰女教师来到湖北宜昌旅游，在这片西方人眼中神秘的土地上，女教师发现了猕猴桃，大吃一惊。震惊于猕猴桃所具有的独特别致的外形、口感和气质，她想办法将一些果实和种子带回国。瞧瞧，新西兰女教师在此处也发动了带特产回家的技能，历史一再证明，该技能确实有提升作物种植成功率的作用。所以大家若有机会出差，不妨多带些特产回来，说不定可以载入史册。

话说女教师回国后，将一部分种子送给了当地一位高阶果农。为什么是高阶果农？因为这位果农在另一个半球，摸索着把他从未见过的水果种成了价格提高四五倍的新品种。可是新西兰的消费者不认识这种毛茸茸、绿油油的水果，起先销售并不理想。果农接连为猕猴桃换了几个名字，如阳桃、宜昌醋栗、美龙瓜，最后定名为"Kiwifruit"，新名字灵感来自新西兰国鸟几维鸟（Kiwi）。从此一路畅销，卖出了国门，卖回了中国，于是中国市面上除了猕猴桃，新增了Kiwi果，即"奇异果"。

海归身价倍增，原来在水果界也适用。

海归归海归，猕猴桃原产于中国的事实是毋庸置疑的。现代古植物学的证据表明，距今两千六百万年前，中国就已经存在猕猴桃果树了。文字记载，也能追溯到约两千七百年前的《诗经》，当时叫"苌楚"。而"猕猴桃"之名在宋代《开宝本草》即见。

尽管历史悠久，但让人意外的是，不知道出于什么原因，猕猴桃在中国一直未能形成规模化种植。古人偶尔栽培，多半是为了观赏，偶尔采食，也视为野果。大概正是由于这样的疏离，导致猕猴桃给今人"国外传入"的感觉。

柑橘家族要幸运得多，中国人很早就意识到柑橘不是观赏植物，而是水果。《吕氏春秋·本味篇》列举"江浦之橘，云梦之柚"，可视为中国人种植橘子、柚子的早期记录。据说，《吕氏春秋·本味篇》的内容乃是殷商开国君王商汤听取名臣伊尹关于全国各地美食的一份汇报。倘若事实果真如此，那么至晚在三千六百年前，橘子和柚子已是常见水果。

说到橘子、柚子，我们自然而然会想到该家族另一位熟面孔——橙子。

那么，橙子又是什么来头、是哪国水果？

十四世纪，橙子才被葡萄牙人带到欧洲，哥伦布发现新大陆后，美洲居民才知道世界上有橙子这种东西。如今，虽然我们经常听到"美国甜橙""巴西甜橙"云云，其实，橙子的身份很明确，它是土生土长、根正苗红的中国水果。

扒完国籍，再扒一扒柑橘的家庭状况。

整个柑橘家族的祖先是被称为"大翼橙"和"宜昌橙"的水果，这种古老的物种说是水果，其实只是厚厚的果皮裹着一堆巨大的果核而已，压根儿没有果肉。而我们现在所吃的橙子在这个世界上原本是不存在的，直到有一天，橘子和柚子相遇了，它们的爱情结晶就是橙子。

怪不得橙子比橘子大、比柚子小，外面像柚子，里面又像橘子，原来是橘子和柚子"生"出来的。

那么，橘子、柚子和橙子就此过上安定幸福的生活了吗？并没有。

柑橘家族还有一种隐藏水果——香橼。香橼的模样有些奇怪，看起来像个皱皱巴巴的塑料梨。这种水果皮太厚，往往果肉占整果不到十分之一，味道酸涩，但它能散发独特的香气，被当作空气清新剂摆在书房、卧室、客厅的应用比较多。

我们可能在古装电视剧里看到过这样的场景——待客时，桌子上摆着一盘水果却无人问津。通常这盘水果不是用来吃的，而是用来闻的，香橼充当的就是这种"闻果"的角色。不过元朝的一群饕餮还是琢磨出了香橼的吃法，倪瓒在《云林堂饮食制度集》里就写有一种烹饪方式。

> 将香橼厚厚的皮切丝、煮熟，取蜂蜜，按1:10的比例加水，文火慢慢熬稠，拌入香橼丝，一道解酒醒脑的"香橼蜂蜜煎"便大功告成。

香橼同柚子结合，"生"出了酸掉牙的青柠。橘子同橙子杂交，则"生"出了柑。无论从外观方面，还是口感方面，柑和橘都十分相像，所以世人习惯把这两位放到一起，称为"柑橘"。

接下来，柚子也找到了橙子，它们的后代就是水果市场常见的红瓤西柚，即葡萄柚。葡萄柚是一例成功的杂交，它去掉了柚子的苦味，而且个头儿比橙子大很多。

另一例趋于完美的杂交来自橙子和青柠，它们遇合的产物就是柠檬。如今广泛应用于西餐制作的柠檬原产于中国西南部以及东南亚，被阿拉伯人带到地中海后，迅速征服了欧洲人的胃。

现在我们来数一数柑橘家族的组合：

> 柚子＋橘子＝橙子
>
> 柚子＋香橼＝青柠
>
> 柚子＋橙子＝葡萄柚
>
> 橘子＋橙子＝柑
>
> 橙子＋青柠＝柠檬

当然了，柑橘家族的新组合还在继续产生。不过，无论如何发展，最终受益的永远是我们这些"吃橘群众"。

樱桃

　　中国人对樱桃情有独钟，唐朝人尤其钟爱樱桃，从天子到庶民，无不为这一粒小小的水果而倾倒。

　　唐朝人嗜甜食，在唐代，中国的制糖技术迎来革命性飞跃，所制蔗糖更甜，产量也更高。

　　"冰糖樱桃"和"糖酪浇樱桃"是最受欢迎的轻奢美食。将樱桃盛在精致考究的小碟子上或剔透玲珑的琉璃盏里，浇上几勺蔗糖乳酪，若天气炎热，还要加冰。

　　更妙绝的吃法是一粒一粒地将核剖出，樱桃捣作泥，和着牛奶、糖酪、冰块，樱桃汁液渐渐将糖酪染成紫红色，晶莹清凉，婉秀多姿，宛如产自数千里之外吐鲁番的葡萄酒。食客面前呈上这么一份，拈动银勺，轻轻挑一点送上舌尖，细细品尝，一泓寒碧，遍野空灵，整个春天在唇齿间绽放。

　　唐代科举，进士科放榜正逢樱桃成熟时节。当时的风气，蟾宫折桂的新科进士们要请客、通关节，席间自然少不了时新的樱桃。每值此季，京城樱桃价格飞涨，所以购置樱桃请客渐渐变成财力的攀比。如果请客缺了樱桃，会有失体面，而樱桃准备得不够多亦难免遭人訾议。

　　樱桃如此重要，久而久之，进士们中第后的第一次宴请就被冠以"樱桃宴"之名。

　　唐僖宗朝，淮南节度使刘邺的三儿子刘覃进士及第。刘家殷实，刘覃为讲究排场，不惜大事铺张，在京城采选开花结实最早的樱桃树，预订了几十株。由于樱桃新结，为了赶时间，有些尚未完全成熟的也一并采摘了下来。刘覃吩咐，将采摘的樱桃全部做成"糖酪浇樱桃"，以糖酪调和未成熟樱桃的酸涩。

是日，大设筵席，遍邀公卿。父亲刘邺身为封疆大吏，又曾在朝做宰相，是以刘覃请客，京城赴宴的名流格外多。当时京城头茬樱桃刚刚上市，很多达官显贵尚未及尝鲜，而刘覃这里却已经山积铺席，令众食客惊叹不已。刘覃大手一挥："各位放开了吃，管够！"赚足了面子。

进士为朝廷未来之栋梁，未曾授职上任，先卖弄虚荣。管中窥豹，大唐帝国末期的腐败糜烂至此处可见一二。就在这位刘三公子高中进士，摆下奢侈的樱桃宴三十年后，唐朝宣告灭亡。

唐朝人在吃水果这件事上搞腐败已不是一次两次，最著名，恐怕也是吃水果史上最折腾的非屡遭后世口诛笔伐的"一骑红尘妃子笑"莫属。

其实放在今天，这不过是一件再平常不过的小事，我们也不难体会杨贵妃企盼荔枝的心情——网购买家遥望快递小哥绝尘而来，收到心心念念的包裹，笑逐颜开。然而在当时，妃子一笑却犯了众怒，世人恨的不是美人开颜，独恨公器私用、以权谋私，多少人无法想象皇帝动用了何等的人力物力，把"一日而色变"

的荔枝千里加急快递到长安城，只为了博取宠妃欢心。

物流发展至今，全国次晨达尚且不易实现，何况一千多年前的唐朝。当时荔枝的贡籍，一派认为是岭南（福建广东一带）；另一派认为在巴蜀，此说法可见于北宋苏轼的《荔枝叹》、蔡襄的《荔枝谱》等。无论何者确切，距离京师途程都在千里之上，断然无法一日抵达。所以，就算驿站相连，快递小哥全力冲刺，每一程飞驰以进，也需配合保鲜技术，才能如《新唐书》所言"走数千里，味未变已至京师"。

唐人没说清楚皇室到底用了什么法子保证荔枝新鲜，不过我们可以从历史上其他水果保鲜技术记载中窥测端倪。

九世纪，花剌子模商队用冰雪包裹西瓜，储存在铅制容器里进行长途跋涉，能确保西瓜持久新鲜。但是冷链物流费时耗力，又受地域、气候制约，应用必然有限。

早在六世纪中期成书的《齐民要术》中，提供了一种浆果保鲜思路：

把整株葡萄存入地窖，覆土开孔来控制温度和湿度，同时确保通风，窖藏的葡萄"经冬不异"，保存得法，可以顺利越冬。

这种办法显然更适合居家存货，无法想象快递小哥千里冲刺送荔枝的时候，马屁股后面拉一车泥土会是怎样的画面。

其实隋唐时期，南方地区向长安城输送的水果还有很多，比如金橘。商人发现，将橘子藏于绿豆或松针中，封箱装车，三个月到半年之后取出，色泽不损，如初摘于树，鲜果率达80%以上。

现代一些果农依然会用松针来保鲜水果，效果更胜冰箱冷库。

除了混藏法，还有蜡封法。隋文帝杨坚每年都要吃蜀地入贡的柑，新摘的柑以蜡封藏果蒂，从四川出发，越过崇山峻岭，逶迤千里来到大兴城，"香味不散"。北宋时，京城开封需要洛阳的牡丹花，花卉运输要求更为苛刻，为防止萎凋，花匠们同样用蜡封裹花蒂，整株置入竹笼，以减轻马匹颠簸对植株的损伤。

因此不妨猜测，杨贵妃所食的新鲜荔枝，其保藏方法大抵仍不外乎整株、密闭、蜡封。

中国历史上许多名人为荔枝着迷，苏轼多次盛赞荔枝是水果界翘楚。汉武帝也极嗜荔枝，有史料记载，他曾试图将这种南方水果移植到上林苑，方法简单粗暴，那就是整株连根挖起，送到长安。可是西汉的果树栽培技术不够成熟，由于水土、气候差异，所移植的荔枝树无一株存活。汉武帝这边还望眼欲穿地等着吃自家种的荔枝呢，闻讯勃然大怒，不问青红皂白，把负责护理荔枝的园丁、小吏尽数处死。

到了宋代，荔枝的保鲜技术再度进步：

黄蜡封藏荔枝果蒂，整果浸入蜂蜜，锡瓶盛装，置于水中，每天换水一次，防止细菌滋生。

该方法分别用了黄蜡、蜂蜜、锡制容器、水来隔绝空气，四层防护，戒备森严，一枚荔枝的待遇不啻电影里由重兵把守的稀世珍宝。

还有把荔枝连枝带叶塞进竹筒的。林中巨竹，凿一孔，用竹箨［tuò］（竹笋的外皮）和着泥牢牢封死，借竹子的生气滋养，据说贮藏一个冬春，色香不变。不过该法见载于籍，已经是明代。

比起葡萄、茄子这样的外来者，中国原生食材的阵容要庞大得多。以下这份原生食材表单只能选取一些代表性食材罗列：

主食	香料	水果	蔬菜／坚果
水稻		枣	大白菜
小米（粟）		枇杷	韭菜
糜子（黍）		柿子	冬瓜
栗		梨	香榧 [fěi]
大豆		橘子、柚子、橙子	榛子
芋头	花椒、茱萸、蓼、芥	樱桃	黑木耳
		中国李	茭白
		猕猴桃	山药
		荔枝、龙眼	葫芦（瓠）
		桃子	萝卜
		杏	茼蒿
		桑葚	

提出"民以食为天"的中国人深谙食物于民于国的重要性，也深知稼穑之道的艰辛。

秉持着渴求和敬畏，我们的先民不断探索、开拓食材边界，千万年来从未停歇，一粒粟，一碗羹，一饮一啄皆是整个民族勤耕不辍的积累与凝缩。

食用油——
内卷两千年

内卷化原本是指一类文化发展到一定阶段后，不能实现新突破，只会内部不断复杂化的现象，形容社会文化重复劳作、发展迟缓。现代流行文化语境中，"内卷"语义偏移，被改造成"内部过度竞争"的代称，本文所说的"内卷"即指此而言。

资源有限，分配者趋于饱和，过度竞争就难以避免。历史上，食用油界也曾陷入白热化竞争，为争夺油界老大的位子，各种油类轮番厮杀，前赴后继，其激烈程度不亚于人类内卷。

食用油从大处可以分为动物油和植物油。先秦的油料作物产量有限，植物油提炼技术也比较落后，提取动物油脂要方便一些。

按照《大戴礼记》的说法，动物油脂又可以分成两类："无角者膏，有角者脂。"没长角的动物，如猪和狼的脂肪，叫作"膏"；有角的动物，如牛羊的脂肪，叫作"脂"。后来又以凝固状态的叫作"膏"，融化状态的叫作"脂"。而脂膏放久了，发生腐败、渗透，该现象叫作"殖"，这就是"殖民"之"殖"的本义。

至于"油"字，在汉代以前，甚至不具备"油脂"的意思。如《礼记·玉藻》中"礼已，三爵而油油以退"中的"油油"是形容和悦恭谨的样子；《孟子·梁惠王上》中"天油然作云，沛然下雨"中的"油然"说的是云气上升之状。

脂膏是动物身上储存的脂肪，后世以之类比百姓辛苦积攒的财富，从"搜刮民脂"到俗语"揩油"都含有豪夺巧取的意思，显示了油脂在古代社会的重要性与稀缺性。

《礼记》谈当时侍奉父母公婆的标准："事父母姑舅……脂膏以膏之。"饭菜里加入油脂，以方便老年人入口。不过平民百姓，多少人的生活条件能够达到这个标准，是不是每天都有猪油可吃，是个疑问。

贵族就另当别论，周天子后厨活跃着一支猎人团队，他们专职猎射百兽，供王室开荤。其"冬献狼，夏献麇"，冬天打的野味居然是狼，夏天则猎取麇鹿。这是因为当时人们认为狼油性暖，苦寒季节，取狼胸油脂加入稻米熬制浓粥温补御冬。另外，像天子都轻易吃不到的"淳熬"——肉酱盖饭，也要使用猪油，将炖好的肉酱铺在饭上，浇一层猪油，拌匀而食。

平民之所以吃不起油脂，一方面是由于牲畜的人均占有率偏低；另一方面是因为油脂用途甚广，除用于烹饪，还承担着大量生活任务。比如润滑，所谓"膏车秣马"，就是远行之前，为车轴涂抹油脂；又如祭祀、点灯照明和造油布防水。原本资源就不丰富，这里用一些，那里用一些，哪里还有的吃。

汉代，随着芝麻的传入，动物油的称霸之局逐渐被颠覆。其实芝麻传入前，中国人也不是不吃植物油，彼时的油料作物以大麻和白苏（荏）为主。

大麻的雄株茎皮剥离，抽取纤维，用于织布；雌株的籽实，典籍写为"蕡"[fén]，可供榨油。这两种作物的出油率一般，种植范围有限，接受度也不高，植物油因而持续遭到动物脂膏的压制。到强力外援芝麻（也有学者主张是亚麻）加入，这一形势开始扭转。凭借清香的口味和傲人的出油率，芝麻油迅速走红，成为庖厨首选，从中原到荆楚，有炊烟处，麻油飘香。

当时最重要的几部农书，如东汉时期的《四民月令》，详述了芝麻最适宜的种、收、出售时间；《齐民要术》更是辟出专篇，讲授芝麻栽培技术。足见魏晋之际，芝麻已是举足轻重的经济作物。另外，贾思勰还像武侠小说排兵器谱似的，给当世食用油列了一个高手榜，推崇芝麻油为天下第一，其次是白苏油，再次是大麻油，动物油居末，理由是大麻油和动物油腥气太重。他教人做菜，"麻油"不离口，谈到吃肉酱：

临食，细切葱白，着麻油炒葱令熟，以和肉酱，甜美异常也。

葱白切细丝，淋以麻油炒熟，同肉酱拌食，想想就令人食指大动。

再配个炒蘑菇：

> 蘑菇沸水焯过，撕碎备用；麻油爆香葱白，下豆
> 豉、盐、花椒末、蘑菇，煮熟的猪肉、鸡肉或羊肉，炒
> 至入味出锅。

从种地、种菜、种水果到养鱼、养禽、养家畜，再到做菜、做醋、做乳酪，世上简直找不出"贾指导"不拿手的家务，真可谓天下丈夫之楷模，过日子的瑞士军刀、八臂哪吒、六边形战士，荒岛生存小能手，乱世生活大行家。

植物油应用的普及还受益于榨油技术的进步。《齐民要术》里说："一顷收（蔓菁）子二百石，输与压油家。"可确定北魏已出现以榨油为业的作坊。蔓菁（芜菁）是油菜的亲戚，也是元代以前重要的油料作物，蔓菁子含油率达到34.7%～38.1%。元代《农桑辑要》谈蔓菁油的好处：

> 四月收子打油，陕西惟食菜油，燃灯甚明，能变蒜
> 发。比芝麻易种收多。油不发风。武侯多劝种此菜，故
> 川蜀曰"诸葛菜"。油临时熬用，少掺芝麻，炼熟，即与
> 小油无异。

蔓菁子油点灯"甚明"，但独烟气可能有些重。北齐宰相祖珽骄傲自负，有一回，与太上皇吵架，太上皇说一句，他顶十句，极尽嘲讦之能事。太上皇吵不赢他，恼羞成怒，抽了他两百鞭，并将其推进深坑，拿蔓菁子烛硬生生熏瞎了他的眼睛。当然此系刑罚之用，日常照明，当无虞损目。

元代之后，在食用方面很少再见到蔓菁油烹饪的记录，芝麻油的王者地位依旧不可撼动。日本僧人圆仁在《入唐求法巡礼行记》中提到他在唐文宗开成年间游历中国，路过曲阳县时，偶遇五台山的和尚下山化缘，一口气化了要用五十头驴驮之多的芝麻油。长长的驴队驮载油篓浩浩荡荡，看得圆仁大为震惊：这是化缘？大唐连和尚化缘都是这种规模吗？！

最迟从晚唐开始，中国人采取杠杆压榨法制油，北宋仁宗庆历四年（1044）出现了使用撞木的榨油工具。与工艺进步相对应，两宋食用油商品化飞跃发展，此时动物油脂已彻底无法同植物油抗衡。漆侠先生在《宋代经济史》中记载："市场上用于交换的芝麻之类油料作物逐渐增多，其主要用途应是为榨油业提供原料。"

芝麻油产量巨大，烹调使用极为充裕，这也促成了炒菜在宋代的兴起。油的沸点远高于水，能以高温煎炸食物，使食物脱水，产生酥脆的质地与丰富的风味。实现了芝麻油自由的北宋时期的北方人甚至养成一种万物皆可油煎的习惯，沈括在《梦溪笔谈》中毫不留情地"吐槽"道：

如今之北方人，喜用麻油煎物，不问何物，皆用油煎。庆历中，群学士会于玉堂，使人置得生蛤蜊一篑，令馔人烹之。久且不至，客讶之，使人检视，则曰："煎之已焦黑，而尚未烂。"坐客莫不大笑。余尝过亲家设馔，有油煎法鱼，鳞鬣虬然，无下筋处。主人则捧而横啮，终不能咀嚼而罢。

大概意思是说，北宋仁宗庆历年间，学士们聚餐，弄了一筐蛤蜊让厨子料理，那厨子连壳也不剥，只管没头没脑地将其倒进锅里油煎。煎了半日，壳都糊了，尚未煎熟。若非顿顿油煎各种食材形成了条件反射，恐怕一般人干不出这事。尽管饥肠辘辘的众学士"莫不大笑"，但心中难免不痛骂厨子缺根筋。

榨油技术日益进步，随之而来的是植物油品种百花齐放，从前死活榨不出一滴油的东西，现在随便榨一榨，油花四溅。豆油、红蓝花子油、杏仁油，群雄并起，向芝麻油发起强力挑战。

据南宋庄绰所著的《鸡肋编》记载："油通四方，可食与然者，惟胡麻为上，俗呼芝麻……而河东食大麻油，气臭，与苤子皆堪作雨衣。陕西又食杏仁、红蓝花子、蔓菁子油，亦以作灯。"苏轼则在《物类相感志》中大赞豆油："豆油煎豆腐有味。豆油可和桐油，做捻船灰，妙。"

红蓝花的正式名称叫作"红花"，原产西域，随丝绸之路打通而传入汉地。其花瓣可用于制造胭脂，当年霍去病从匈奴人手里夺下盛产红花的焉支山，从此匈奴女子无法化妆，匈奴人还写了首歌抱怨："失我焉支山，使我妇女无颜色。"说霍去病拉低了他们女孩的颜值。红花种子榨油就是红花籽油。

红花籽油与跌打扭伤外用的红花油可不是同一种东西，一字之差，可千万别看走眼，把药店买来的红花油倒在锅里炒菜用了。古代食用油加工技术尚未成熟，所制红花籽油气味不好，多供点灯。

至于大豆，作为中国原产作物，老祖宗吃了几千年。当时中国大豆品种的优势在于高蛋白质，但出油率偏低，据《天工开物》提供的数据计算，只及当代大豆的一半、当时芝麻的四分之一。现代美国大豆含油率相对略高，所以进口的美国大豆一般不用于直接食用和做豆腐，而是用来榨油和生产豆粕。豆油的挑战功败垂成，芝麻油撑到宋代，依旧保有"众油之王"的位子。

大概到了元代，油用（越冬型）油菜引入。油用油菜秋种夏收，正适合水稻一年两熟的江南种植。水稻收毕，土地无须闲置，种下油菜，第二年春天，金灿灿开一片油菜花。

芝麻的出油率（约40斤/石）较油菜籽（约30斤/石）略胜一筹，但油菜凭借与水稻的完美轮作，赢得了更广阔的种植空间。相较之下，芝麻耐旱不耐涝，在多雨的南方反而不利生长。油菜一经站稳脚跟，芝麻便节节败退，将南方地盘拱手相让。

明代宋应星所著的《天工开物》综合比较了出油率、种植范围、应用范畴和品质，考量的结果是，菜籽油与芝麻油难分伯仲，"菜油取其浓，麻油取其香"，各擅胜场，芝麻油专美之局，隐现倾覆之势。

明代中后期，花生登陆中国。与芝麻、油菜籽相比，花生的籽实不仅太大，而且太硬，明朝人懒得费力气榨它，清前期也只偶见南部沿海地区零星有榨取花生油供点灯之用的记载。到晚清进口了西方机械，花生才大规模用于榨油。如此说来，后世广告所谓"古法压榨花生油"恐怕古不到哪里去。

清末，葵花籽油和茶油也相继崛起，芝麻油的皇祚贯穿了大半程中国社会封建史，至此终于顶不住一众新贵的群起冲击，随着末代王朝轰然垮塌而终结了。纵观历史上食用油列王纷争，风起云涌，内卷到如此地步，不啻一出大戏。

虽然动物油脂的应用远不及植物油广泛，但亦有其独特之处。生肉本身不具备可以取悦人类味蕾的香味，这种香味只有在加热时才会产生。

目前，已经鉴定出来的肉类挥发性成分超过一千种，主要包括：内酯化合物、吡嗪化合物、呋喃化合物和硫化物。形成这些香味的前体物质多为水溶性的糖类、含氨基酸化合物，以及磷脂（生物细胞膜的成分）和三甘酯等类脂物质。加热过程中，瘦肉部分产生香味，脂肪部分赋予肉制品特有的风味。如果从各种肉中除去脂肪，则肉的香味会变得一致，没有差别。

用动物油脂烘焙糕点正是利用了这一点，与迷人的"美拉德反应"（Maillard Reaction）相遇，动物脂肪受热熔化，产生浓烈的风味。美拉德反应是熟制食物香味的重要贡献者，当糖分子与淀粉中葡萄糖连接而成的长链分子或氨基酸连成的蛋白质长链分子相遇，就会产生美拉德反应，释放数以千百种产物，像漫天绽放的烟花，散发出相互纠缠繁复的香味。该反应在100℃~160℃时速率最快，通常而言，烘焙时的温度要高于水分参与加热——如煮和蒸——的温度，这样能够更充分地激发焦糖化和美拉德反应。

这就是蒸煮食物香味偏"软"，烧烤烘焙的香气更加强烈的原因。所以，焖煮类食物若追求浓腴厚味，多事先将食材过油或煎炒一下；而若打算保留食材原味，比如鲜味，则绕开煎烤，以免生成盖过本味的香气。

我们的楷模"贾指导"很早就留意到动物油脂的这一妙用，《齐民要术》示范炸馓子时说：

> 膏环，一名粔籹。用秫稻米屑，水、蜜溲之，强泽
> 如汤饼面。手搦团，可长八寸许，屈令两头相就，膏油
> 煮之。

以"贾指导"遣词之审慎，既然"膏油"带一个"膏"字，多半就是指动物油脂而言。

清代点心取用动物油者极为普遍，如蓑衣饼：

> 以冷水调干面，不可多揉，擀薄，卷拢再擀，使
> 薄，用猪油、白糖铺匀，再卷拢擀成薄饼，用猪油煎
> 黄。如欲其咸，加葱、椒、盐亦可。

三层玉带糕：

> 以纯糯米做糕，分作三层。加粉、猪油、白糖蒸
> 之，蒸熟切开。

以及甜口的点心之馅：

> 馅，点心中所实之物也。或为菜、笋、蒜（茭
> 白）、蕈，或为牛、羊、豕、鸡、鸭、鱼、虾之肉，味
> 皆咸。或为猪油、鸡油而加以果实，则甜。

此皆动物油脂应用的范例。

农业时代以来，各种食用油翻翻滚滚，内卷了数千年。动物油败下阵来，植物油又开始内卷；芝麻油败下阵来，花生油、玉米油又开始内卷，什么黄金比例、非转基因，盛衰迭代，消替流转。

诚然，食物内卷，受益的多半是取食者。不论"食物"是什么，这一点大致不错。

调味料——
那时没有味精

　　传统五味——酸、甜、苦、咸、辛——犹如五道惊雷闪电，入口便单刀直入劈进味蕾，旗帜鲜明地宣示身份。

　　鲜味却似一团云，飘然、迷幻、温柔，滋润着所有神经，无声地唤起周身愉悦。有时这种愉悦超越了味觉本身，令人沉浸享受，浑然忘记自己是在品尝味道。是以鲜味始终深藏若虚，难以捉摸，容易被忽略或者被当成一种复合风味。西方进入现代才将鲜味确立为独立的味道。

　　现代科学对"鲜味"的描述机械而清晰：氨基酸L-谷氨酸盐和5'-核糖核苷酸，如鸟苷酸（GMP）和肌苷酸（IMP）形成的味道。谷氨酸是动物中枢神经系统重要的兴奋性神经递质，当人类口腔的味觉受器细胞检测到谷氨酸盐的羧化物阴离子时，大脑将反馈兴奋和愉悦感，这就是鲜味的体验。

1908年，日本化学家池田菊苗决定研究自己的午餐。午餐是海带柴鱼汤，以干海带和鲣鱼干熬成，鲜美异常。池田菊苗注意到现代科学界还没有人追寻过这种味道的来源，于是他买来十一千克干海带熬煮蒸馏，最后得到了谷氨酸沉淀。

沿着这条线索，池田菊苗进一步分析对比了谷氨酸的几种盐，包括钠、钙、钾等。其中谷氨酸的钠盐，即谷氨酸钠可溶性强，味道突出。1909年，日本人开始商业化生产谷氨酸钠，取名"味之素"，意思是"风味之精华"，简称味精。

归根结底，谷氨酸是一种氨基酸。众所周知，氨基酸构成蛋白质，因此，许多蛋白质丰富的食材，诸如鱼类、肉类和骨头，经过熬煮，都会释放诱人的浓鲜。

欧洲人烹饪中使用富含谷氨酸盐的鱼酱和肉汁历史悠久，但直到二十世纪，英语中才出现表示鲜味的专门名词"Umami"。"Umami"是一个借词，来自日文"うま味"（鲜味）。

或许对鲜味的敏感与迟钝影响了东西方饮食味型的发展之路。中国人素称知味，约三千年前的西周早期，便领悟到鲜味的妙谛，取"鱼""羊"二字组合为"鲜"字。只不过当时的"鲜"字系上下结构，上面是一副硕大的羊角，下面为鱼形。至晚战国时代，如云梦睡虎地秦简中的"鲜"字变更为左右结构。

中国古代，南方水产，北地畜牧，两地分别以鱼和羊为食材代表。鱼自不必多说，孟子举鱼并论熊掌，推为顶级食材；孟尝君门客三千，以有鱼可吃为最高待遇。对于羊肉的滋味，北方人更极尽夸扬之能事，他们甚至合"羊""大"两个字造出了"美"字。

《说文解字》中："美，甘也，从羊从大。"宋人徐铉作注，直言"羊大则美"，也就是说，"美"这个字的本义就是形容吃肥羊时的感觉。当时提到"美"，大家首先想到的恐怕不是好看的姑娘，而是羊肉。"鲜"字合南北所嗜而兼备，古人用南北方最好吃的东西合成此字，赋予其至高的推许。

二十世纪，味精方始出现，但造成鲜味的物质始终存在于食料之中。中国人知味、辨味，并且善于调味，所利用的古老增鲜食材、传统提鲜工艺各种各样，岂独味精也哉？

许多工艺致力于分解蛋白质来获取鲜味，发酵便是如此。对于食物发酵，中国人历来得心应手，什么臭豆腐、臭鳜鱼、腐乳、火腿、泡菜、酸奶，信手拈来，炮制自如，此中历史最悠久者应数制酱。

周代的酱有醢和醯[xī]两个大类。其中，醢由鱼、肉糜腌制发酵而成，原料既可以是麋、鹿、麇[jūn]（獐子）、蠃[luǒ]（螺）、蠯[pí]（蚌）、鱼、兔、雁这些正常的东西，也可以是蚳[chí]（蚂蚁卵）之类的黑暗食材。这些乱七八糟之物先晒干，再细细切碎，加以盐、酒曲和酒充分搅拌，腌制发酵百日可成。发酵期间，盐使腐败细菌脱水，抑制其活性，耐盐的乳酸菌和酵母菌则正常开展发酵工作，分泌酶将淀粉转化为葡萄糖，继而将食材的蛋白质水解为氨基酸，产生鲜味，故可调味悦舌。醯泛指酸味调料，《说文解字》中："醯，酸也，作醯以鬻酒。"是熬粥加入酒强化发酵所得之物，可看作醋的早期形态。

周代的酱种类繁复，天子照例享用者，多至一百二十种。每种酱各有配对的食物，严谨有序，一丝不苟。《礼记·曲礼》中有"献熟食者操酱齐"之语。《孔颖达疏》："酱齐为食之主，执主来则食可知，若见芥酱，必知献鱼脍之属也。"意思是说，看见侍者捧来的是什么酱，就知道主菜是什么了。若侍者端来一盘"蜗醢"，即蜗牛或螺肉酱，便知一会儿要吃雕胡米和野鸡羹了；若侍者端来的是蚂蚁卵酱，食客便满怀期待地等着姜桂肉干（脮修）；若侍者端来一盘大盐粒，食客就知道水果罐头加入豪华午餐了（桃诸、梅诸即腌制的桃和梅，多供冬季食用）。所以孔子说"不得其酱，不食"，酱配得不对，就气鼓鼓地拒绝吃饭，其严格至此。

对于鱼酱、肉酱的味道，我们可以想象；其实现代也能见到用软体动物造酱，就是蚝油。因此，先秦之酱，就算无缘亲尝，也不至于难吃得离谱儿。当时的餐筵布设，"脍炙处外，醯酱处内"。烤肉摆在外围，食客眼前守着一碟酱，与后世吃烤肉火锅的饭桌布局类似。

吃酱也有专门的礼仪，叫作"毋歠 [chuò] 醢"，酱是供佐餐的调料，不可以直接喝。喝酱的行为就好比你去别人家里吃饭，席间与主人家要来十三香倒在嘴里一样，这相当于打主人脸，嫌人家厨艺差劲，饭菜无味。主人会很尴尬地道歉："果然酱的味道太淡了吗？真是不好意思，我们家太穷，买不起盐，请务必包涵。"

孔子及稍后时代出现了芥、蓼、菡（菱叶）调制的辣酱，也各自配有固定搭档，芥末酱配生鱼片、肉片（脍），蓼酱配炖鸡、炖肉。

汉代，豆酱、面酱问世，大豆位列五谷，种植广泛，所谓"菽水承欢"，庶民也吃得起，酱的范畴由此大幅拓展，颠覆肉酱垄断，"散入春风满洛城"，遍及平民阶层。另一种面酱，也叫麦酱，以小麦或面粉为原料，淀粉含量高，做出的酱味道偏甜，后世称之为甜面酱。

此后两千年，酱一直作为常规且重要的中餐调料而存在。酱长期置放，表面析出的液体"酱清"正是豆类发酵所得的谷氨酸精华浓缩，异常鲜美，后来演化成了酱油。

我们的"六边形战士"贾思勰博收旁采，为世人留下一份自西汉迄北魏的大酱名录：肉酱、末都（碎豆所制）、榆荚酱、鱼酱、鱼肠酱、虾酱、榆仁酱、芥子酱、麦酱、豆豉。部分酱的酿造还会投放姜、橘皮、葱、紫苏、蓼、酒，以产生不同风味。

至晚在东汉，现代凭借豆瓣酱蜚声海内的四川郫县（今成都郫都区）即产出名酱，不过当时所产乃是"黄鳞赤尾"的仔鱼酱。

发酵的控制与原材料、温度、湿度、时间、密封情况等多方面相关，结果优劣成败，殊不易逆料，为此民间出现了许多奇奇怪怪的造酱禁忌。譬如认为壬癸日做酱，缸里容易生蛆；打雷天不能做酱，不然吃了"令人腹内雷鸣"，这是因为酱淋了雨水，多半就糟蹋了，容易吃坏肚子；另外明代人凡见彩虹亘天，各家各户需要把酱藏起来，理由居然是因为时人相信，彩虹会从天际垂下，把酱喝掉，确实让人摸不着头脑了。

至于造酱之法，历代农书、食谱多录，与现代所习一脉相承，兹不赘述。

豆豉

豆豉的角色更接近味精，东汉刘熙《释名》解释说，"豉"得名于"嗜好"之"嗜"，而"嗜"的意思几乎等同于上瘾，也就是说，当时的人爱吃豆豉到了近乎痴迷的地步。"豉，嗜也。五味调和，须之而成，乃可甘嗜也。"调和五味，豆豉不可或缺。

据说，昔日屈原招魂也用过豆豉，《楚辞·招魂》："大苦酸碱。"东汉王逸《楚辞》注："大苦，豉也。"不过先秦关于豆豉的记载相当罕见，大概食用尚不普遍。

及至西汉，中国人的豆豉之魂完全觉醒，此物风靡天下，有人靠经营豆豉成为商业巨头，《汉书》有云："豉樊少翁、王孙大卿，为天下高訾。"当年曹植没学会八步赶蝉的轻功，逃不出魏国宫殿，被迫用八斗之才挡开曹丕屠刀的那首《七步诗》起首便道："煮豆持作羹，漉豉以为汁。"写的就是做豆豉之法。马王堆汉墓发现的随葬豆豉为种种文献记载提供了实物之证。

说到豆豉之魂，不禁想起历史上豆腐也曾有一个特别的外号，叫作"豆魂"。《事物原会》："腐乃豆之魂，故称鬼食。"说豆腐是大豆的死魂，相当于存在于阳间的阴间食物。迷信的说法认为鬼是可以吃到豆腐的，因此"白事"待客之馔，又称为"豆腐宴"。

豆豉在古人厨房中专治各种不服，使用率惊人，基本上做菜必放。

西晋吴郡（苏州）人陆机到洛阳拜访驸马王济，那时饮食好尚情形，很像现在粽子的"甜派""咸派"之争，北方人喜食乳酪，南方人则饭稻羹鱼，而且彼此看不上对方所嗜。王济家刚好新得了几斛羊酪，以之款客，问陆机："怎么样，好吃吧？你们江南有什么东西能比得上这个？"陆机答曰："千里莼羹，未下盐豉。"不加盐豉的莼菜羹，即足匹敌北人珍馐。言外之意是，当时烹饪用盐豉调味已属惯常。

东汉《释名》记录了一种脯炙，也就是烤肉干，简单易为："以饧［xíng］、蜜、豉汁腌之，脯脯然也。"麦芽糖浆、蜂蜜和豆豉汁腌渍肉片，烤后晒干。

又有一种衔炙："细密肉，和以姜、椒、盐、豉，已乃以肉衔裹其表而炙之。"肉片丢进姜末、花椒粉、盐和豆豉汁里打个滚儿，然后烤熟。

豆豉汁是酱油的另一位祖先。古法用大豆造酱和造豉，区别之一是酱加入麦曲，析出的酱油（酱清）略甜；豉只用大豆制曲，故味道更鲜。福建和广东地区将从豆豉制出的酱油称为"豉油"。日语的酱油读作"Syo-yu"，英语介译该词写为"soy"，都保留有闽南语或广东话的发音痕迹。

贾思勰偏爱豆豉，《齐民要术》中记载了大量豆豉调味的肴馔。

木耳菹［zū］（凉拌木耳）：细缕切。讫，胡荽、葱白，下豉汁、酱清及酢，调和适口，下姜、椒末。甚滑美。木耳用酸浆水洗过，添加芫荽、葱白、豆豉汁、酱清、醋、姜末和花椒末拌匀，爽口开胃。

芋子酸臛：猪肉、羊肉，点缀切碎的葱白煮熟，起锅之前，投入蒸熟的小芋头、粳米、盐、豆豉汁、苦酒（醋）、生姜。

猪蹄酸羹（凉拌猪蹄）：三副猪蹄煮烂，抽掉大骨，浇淋葱、豆豉汁、醋、盐，美味呼之欲出。（贾指导说以前吃这个还要加糖，那就是糖醋猪蹄的先驱了。）

菹肖（酸菜肉丝）：猪肉或羊肉或鹿肉，切作韭叶宽的肉丝，只用盐和豆豉汁炒熟，出锅后，与切碎的腌菜、腌菜汁混拌，纤秾合度，极其下饭。

鱼和豆豉更是天作之合。元代《居家必用事类全集》的酥骨鱼：鲫鱼洗净，批鳞剔腑，内外抹匀食盐腌渍片刻。葛蒌填充鱼腹，煎至两面焦黄，放冷。莳萝、川椒、马芹、橘皮细切，同糖、豉、盐、油、酒、醋、葱、酱、楮实、水调汁，下鱼，慢火熬熟。

清代《随园食单》的黄鱼：黄鱼斩块，酱、酒漫过，浸上两小时，炒至变色。用金华豆豉一盏、甜酒一碗、秋油一小杯，熬沸，加糖、酱瓜、姜，大火收汁，起锅。

看上去味道都不错，让人忍不住想要穿越过去，尽享一场豆豉盛宴。

方便调料

"乱世最懂生活的男人"贾思勰的厨房里挂满了黑乎乎的小饼，名唤"麦豉"，由蒸过的面粉经发酵、混入盐汤、再蒸之后捏制。平时用绳子穿成串，外套纸袋（防尘防蝇）悬挂，做菜时摘下一枚丢入其中，释放蕴藏的鲜味。用完削去煮软的表层，剩余的下次接着用。这样一枚调料小饼可用数次，"热、香、美，乃胜豆豉"，且不会掉色，不影响肴馔色泽。

宋人的方便料包演进为粉末状，制法也在"贾指导"版本的两蒸两酵基础上进行了优化：多种作料研磨成粉，用芝麻油炒熟，叫作"一了百当"。名字取得挺妙，一次搞定，百餐不愁，切中懒人需求。

南宋陈元靓在《事林广记别集》中记载：甜酱一斤半，腊糟一斤，麻油七两，盐十两，川椒、马芹、茴香、胡椒、杏仁、姜桂等分为末，先以油就锅内熬香，将料末同糟酱炒熟，入器收。遇修馔，随意挑用，料足味全，甚便行馕。行旅出门在外，带上一包，就不必另买调料了。

元、明、清，方便调料继续走俏，连大内御厨房都在用。当时若有生产厂商，大可名正言顺地做广告：皇家品位，值得入手。

据元代《居家必用事类全集》记载，天厨大料物：芫荽仁、良姜、荜菝、红豆、砂仁、川椒、干姜（炮）、官桂、莳萝、茴香、橘皮、杏仁等各等分，为末，水浸，蒸饼为丸。若干香料捣碎细磨，浸泡而抟成丸子备用。万一皇上心血来潮，着急想吃点什么，御厨此丸在手，不必再配调料，能节省不少工夫。

明代《宋氏养生部》记载，细媲料方：甘草多用，官桂、白芷、良姜、桂花、檀香、藿香、细辛、甘松、花椒、缩砂、红豆、杏仁等分，为细末用。与上则相近，只不过未浸湿制成丸子。

香头：麝香一钱、生姜汁四两、赤砂糖一斤。先将麝香乳细，渐入姜汁，乳令为胶，入糖再乳，停匀，盛瓷罐内。取绵纸油纸幂口甚密，置饭上蒸透。下于食物，香最蕴藉。这段话的"乳"作"研磨"解，步骤看似繁杂，其实原材料只麝香、生姜汁和赤砂糖三种，磨细、调匀、蒸透。

又一种五辛醋：葱白五茎，川椒、胡椒共五十粒，生姜一小块，缩砂仁三颗，酱一匙，芝麻油少许，同捣糜烂，入醋少熬用。这种辛辣口味的复合醋特别适合佐白肉和鱼之类荤腥，破荤杀腥，直如秋风之扫溽暑。

笋油

李渔谈笋，谓此物鲜灵，无以复加。

"清洁、芳馥、松脆，能居肉食之上，只在一字之鲜，为蔬食中第一品，肥羊嫩豕，何足比肩。"又说："菜中之笋与药中之甘草，同是必需之物，有此则诸味皆鲜，但不当用其渣滓，而用其精液。庖人之善治具者，凡有焯笋之汤，悉留不去，每作一馔，必以和之，食者但知他物之鲜，而不知有所以鲜之者在也。"

焯笋之汤即是笋的精华之液——笋油。

熬笋油最好选用春笋，取中段和底段嫩肉切块，油锅爆香，下盐、泉水细火慢熬。笋肉熟了，捞起榨干，所得汁水回锅，添入新的笋肉再熬、再榨，如此换笋不换汤，笋的精华尽收汤中，便成笋油。

笋油成品色黑如酱，鲜润浓厚，远胜酱油，烧菜、吃面来上一小勺，清香溢齿，恍若"独坐幽篁里"，青林翠竹，明月空山，灵魂为之一洗。

至于榨干的笋肉，不虞浪费，进一步处理为咸笋干，即是不俗的佐餐妙物。袁枚说，从前天台山老僧善治此味，且在《随园食单》中记录了做法：

笋十斤，蒸一日一夜，穿通其节，铺板上，如做豆腐法，上加一板压而榨之，使汁水流出，加炒盐一两，便是笋油。其笋晒干仍可做脯。天台僧制以送人。

卤如陈酿，老而弥香，明朝人的厨房已可觅得此味。韩奕在

《易牙遗意》中将其称为"宿汁"。

留宿汁法：宿汁每日煎一滚，停倾，少时定清方好。如不用，入锡器内，或瓦罐内，封盖挂井中。

同书炖肉煮鸭皆用到了卤汁。

《宋氏养生部》说，老卤最适合卤畜类的头部和蹄部：

宜首宜蹄，烹糜烂，去骨，以布苴，压糕。冷宜酱、盐；热肉宜花椒油、花椒盐、蒜醋、蒜水。凡烹时，其汁中冬月加盐少许及白酒，夏月别加白矾少许，须日挹去其油并滓，而用其清，再续以水，是谓原汁。愈久愈美，烹肉益佳。

老鸡、肥鸭、肘子、火腿、牛肉、干贝、鱼、豆芽、蘑菇之类长时间炖煮，熬出鲜味物质释放入汤，继以鸡腿肉或牛肉剁成的细蓉反复吸附汤中的悬浮物，滤渣、撇清和打沫，这个过程就是吊汤。

汤分为清汤、高汤。其中清汤鲜味略逊，高汤醇厚而层次丰富，入馔效果非味精烹调的单薄口感可比。比如名馔"开水白菜"，以平凡食材成就顶级奇珍，关键就是吊汤。

中国人从什么时候起学会吊汤，史无明论，通常仍以贾思勰《齐民要术》的一则为首例。

　　槌牛羊骨令碎，熟煮取汁，掠去浮沫，停之使清。

　　取香美豉，用骨汁煮豉。色足味调，漉去滓。

该条记载为"脯腊法"，也就是做肉干的一个步骤，那么即使"贾指导"制得了清汤，用法也与后世用于热菜提鲜的习惯不类。

元末明初，真正接近吊汤的工艺现身食谱，《易牙遗意》科普了一种家用简易清汤，其虾酱、猪肝的功用应该就是现代吊汤"白绍""红绍"（用来吸附汤中杂质的肉末）的雏形。

　　捉清汁法：以元去浮油，用生虾和酱舂在汁内。一边烧火，使锅中一边滚起，泛沫，掠去之。如无虾汁，以猪肝擂碎和水入代之。三四次下虾汁，方无一点浮油为度。

清代，吊汤工艺越发成熟，《调鼎集》中讲解细致。

　　提清老汁：先将鸡、鸭、鹅、肉、鱼汁入锅，用生虾捣烂做酱，和甜酱、酱油加入，提之。视锅滚，有沫起，尽行撇去。下虾酱三四次，无一点浮油，捞去虾渣，淀清。如无鲜虾，打入鸡蛋一二枚，煮滚，捞去

沫，亦可。

袁枚在《随园食单》也数度提及吊汤的运用。

做燕窝：用嫩鸡汤、好火腿汤、新蘑菇三样汤滚之。

做刀鱼：用火腿汤、鸡汤、笋汤煨之，鲜妙绝伦，可谓得其三昧。

人类出世之初，便从母乳中体得鲜之一味。尔后漫漫人生，茫茫世界，始终与此味绸缪相伴。

"人莫不饮食也，鲜能知味也。"人间百味，非由亲尝，无从识辨。有时是大苦大甜，有时是刿心之酸，有时是细水长流习以为常的平淡，入得己口，方知个中滋味。

品味，知味，存乎一身，人生亦是如此。可以分享，难以感同；可以分担，而无法代人身受。听得再多，看得再多，终究还是要自己上路，去探索、成长、了悟，遍历诸般味道，走过自己的一生。

饺子的时空之旅 _内

　　中国人的哲学讲究包容内敛，儒家说"有容乃大"，道家说"虚怀若谷"，像沧溟渊谷一样浑涵万物，而沉潜刚克，锋芒不露，达至豁达与谦逊的统一。

　　这个道理运诸烹饪，先祖曲尽物性，创制出大量套娃式的食馔，内敛的食材裹在胚料（容器）之中，有如胚胎，吸收、积蓄着能量，完成神奇的默化，于入口之际陡然爆发。

　　在中国人的厨房里，各种食材基本上可以任意组合：碳水可以包碳水，比如北方的煎饼馃子、南方的粢 [zī] 饭团（糯米包油条）；水果可以包肉（火腿），比如云南的酿雪梨；蔬菜也可以包肉，比如酿苦瓜；豆腐也可以包肉，比如酿豆腐；鸭子可以包米，比如八宝鸭；鱼又可以包鸭子，比如北魏名菜酿炙白鱼。

当然，最常用来包裹食材的无疑还是面粉。面粉包裹食材的代表首推包子和饺子，这两尊大神屹立中餐之林，仿佛罗德岛太阳神巨像，昂首天外，世所共望，许为中餐标志主食，想来亦不为过。

世界上吃饺子的国家有很多，比如俄罗斯、波兰、意大利、日本。但提起饺子，即使是外国人，大多也只会想到中餐。中国吃饺子的历史比许多人想象的更加悠久。

1978年，在山东滕州发掘了薛国故城春秋时期的墓葬，考古人员在一号墓里发现了两口铜簠［fǔ］。簠是一种方形食器，形状有点儿像现代常见的盛烤鱼的大盘子。撬开簠盖，其中一只装满了已经炭化的粟（小米饭），另一只密集地排放着小巧的三角形食物，内中包裹有馅儿，只是年代太过久远，炭化得严重，一触即碎，无法分辨馅儿的种类，是韭菜鸡蛋馅儿，还是猪肉樱桃馅儿，不得而知。考古人员从形制上判断，此物应系饺子或馄饨。

在薛国故城墓葬发掘之前，由于先秦文献记载空缺，根据文献资料，饺子的历史只能上溯到魏晋时代。该发现直接证实，至少在两千五百年前的春秋早中期，中国人就开始包饺子吃了。

饺子和馄饨同源，起先区分并不明显，无非都是面皮裹着馅儿下进开水。比起做法和吃法，中国人向来不怎么在意给食物定名这件事，好吃就行，管它叫什么。很长一段时间，饺子都没有专称，只能顶着馄饨的名字。

历史上，饺子名目庞杂，除了与馄饨夹杂不清，有时还被称为"牢丸""扁食""偃月"。如此说来，关二爷的青龙偃月刀岂不成了青龙饺子刀？

"牢丸"一称主要见于魏晋时期，"牢"原指古代祭祀或宴享时用的牲畜，也就是牛、羊、猪，那么"牢丸"的意思该当是肉丸。然而西晋人束皙却将其收入《饼赋》，当时，"饼"泛指一切面食，那么牢丸应是面食。面裹着肉丸，显然不是包子，就是馄饨、饺子。唐朝人段成式在《酉阳杂俎》里进一步细分，牢丸有"笼上牢丸"和"汤中牢丸"，上得笼蒸，下得汤煮，结果呼之欲出，只能是饺子。

馄饨定名则要早得多，东汉杨雄在《方言》中写道："饼，谓之饨，或谓之饦馄。"说的可能就是馄饨。汉末三国时期，张揖在《广雅》中写道："馄饨，饼也。""馄饨"二字正式印在了馄饨的户口本上。

《北户录》引《颜氏家训》说："今之馄饨，形如偃月，天下通食也。"也就是说，当时，馄饨已经流行天下，回南北朝逛逛，通都大邑，到处都吃得到。

《酉阳杂俎》提到唐代一户肖姓人家的馄饨铺子大受上流社会的欢迎，号称"衣冠名食"，一座难求。唐朝人煮茶加盐、姜，放佐料调味，薛能作《茶诗》云："盐损添常诫，姜宜著更夸。"与菜汤差不了多少。这家肖字号馄饨，汤滤去油腻，就可以直接用来煮茶。

1986年，新疆吐鲁番阿斯塔那的唐代墓葬发现了八个盛放在碗里的饺子，形状与今天的蒸饺几乎没有差别。托吐鲁番环境干燥的福，这次出土的饺子保藏情况上佳，考古人员居然测定出了馅儿是牛肉做的。

宋代市民经济觉醒，市面上包子、饺子、馄饨更加常见，诸如兜子、烧卖也纷纷在这个时候问世。

节日是时间节点的标记，最初用来提醒世人遵守自然秩序，指导农事、调整施政方针。由于对社会生产和经济具有重要意义，加上宗教意识的影响，从官方到民间都会选择在节日当天举行一些仪式，强化时间节点概念，以执行下一阶段的生产、政治计划，之后，这些活动渐渐形成了风俗和礼俗。饮食是人类表示"隆重"的符号之一，作为仪式的组成部分，在隆重的时间享用超乎日常的饮食，最终，这些特殊饮食演变成了节令食物。

老例儿冬至吃饺子，而在宋朝时期，这天人们吃的是馄饨，过年则吃一种叫作"馎饦"的面条（面片）。当时，馄饨与饺子仍处于纠缠状态，很难说宋朝人冬至吃的有多少是伪装成馄饨的饺子。

每年冬至前后三天，街上店铺尽皆歇业，掌柜把门帘一放，带着伙计窝在店里只管吃饭喝酒，也算当时的小长假了。商场酒肆不营业，男人和女人也就没了上街的心思，老老实实在家包馄饨，先供祖先，然后全家老小热气腾腾地分享。有钱人家煮馄饨，一锅能煮十几种馅儿的，盛上一碗异彩纷呈，岂有不好吃的道理？

至于冬至的节令食物为什么选馄饨，一些文人附会说："馄饨之形有如鸡卵，颇似天地混沌之象，故于冬至日食之。"谓馄饨包覆肉丸，法象天地未开的混沌之状。冬至这天白昼最短，先秦周历以为一年之始，冬至吃馄饨，象征开天辟地。这些老兄似乎把问题想得太深奥复杂了一点儿，还是看北宋人自己怎么说吧。

宋朝人吕原明在《岁时杂记》中道："京师人家，冬至多食馄饨，故有'冬馄饨、年馎饦'之说。又云'新节已故，皮鞋底破，大担馄饨，一口一个'。"讲得很清楚，忙了一整年，年底节日做双新鞋，吃点儿好的，犒劳犒劳自己跟家人，准备迎接下一年的辛劳。老百姓纯朴，哪有那弯弯肠子管它什么"随物赋形"，像什么天地日月、星辰大海，但求吃饱穿暖。

当然，宋朝人绝不仅在冬至才吃馄饨，《玉壶清话》里说，四川就流行夏天吃馄饨。

北宋名臣张咏，两知益州（今成都一带），政声颇佳，治蜀期间没少吃馄饨。这位张大人是出了名的暴脾气、急性子，有一回家厨煮了馄饨，张咏心情愉悦，准备大快朵颐，一低头，襟领处的项巾带子垂了下来掉进汤里。他随手拨开，再一低头，那带子又掉了进去。如此一而再再而三，张咏勃然大怒，一把扯下项巾摔在碗中，吼道："你吃，你吃！"扔下勺子，扬长而去。

宋代，饺子开始摆脱馄饨的阴影，自立门户，得到了属于自己的专称——"角儿"。

唐宋两代流行煎烤，前文中已经提到，宋代时由于食用油丰裕，人们养成了无论什么东西都喜欢煎一煎的习惯，因此当时的饺子可能以煎饺为主。这一时期，煎饺东渡日本，及至现在，日本人提起饺子，还是默认为煎饺，而非水饺，大概就是唐宋遗风。

到了明清时期，水饺在中国超越煎饺，但明清民俗文化对日本的影响逊于唐宋，即使水饺东传，亦不足以撼动煎饺在日本人心中"正宗"的地位。日本的饺子一直停留在唐宋的煎饺版本，并未随同中国迭代。

元代因袭宋人的称呼，饺子仍然叫作"角儿"。元仁宗朝，宫廷司膳御医忽思慧进献的食疗专著《饮膳正要》记录了一种能呈上御前的"水晶角儿"：豆粉擀皮儿，羊肉、羊脂、羊尾、葱、陈皮、姜做馅儿，出锅时，饺子玲珑剔透，宛若水晶。

元朝时的面点常常加入酥油、奶和蜂蜜，就算饺子也不例外。元代疆土广袤，民族多样，文化交融随处可见。在烹饪领域，元朝人别出心裁地在包饺子时融入了面包工艺：每两斤半面粉，用一斤酥油，加盐，冷水和面。包好的饺子并不水煮，而是烤着吃，名叫"驼峰角儿"。六百年后，酥香犹在，或许今天名垂西北的烤包子就是此物的后身。

与此同时，饺子也沿着元帝国的驿路，向西传播，在如今的尼泊尔、阿富汗、吉尔吉斯斯坦、哈萨克斯坦、乌兹别克斯坦、俄罗斯、亚美尼亚、乌克兰、波兰、拉脱维亚、立陶宛、意大利和德国等地都能找到类似的食物。土耳其语和其他阿尔泰语言用"manti"称呼它们，该词汇让人想起汉语的"馒头"，而宋元时期，馒头是有馅儿的。

明代文献中出现了"饺"字，但使用尚不太普遍。到清代，"饺子"之名总算敲定下来。

饺子尤其为北方人所钟爱，过去穷家小户，平时难得吃一顿肉，成天吃粗粮窝头、菜叶子汤、腌菜，就盼着过年那一顿饺子，饺子承载着人们对生活的希望。北方天气凉，热腾腾的饺子下肚，分外舒坦。俗话说，"好吃不过饺子"，下一句应该是"舒服不如躺着"，将饺子和"躺着"并列为生活至高享受。

比起农耕时代其他粗重的活计，包饺子显得轻松无比。全家人围坐在暖烘烘的火炉旁协同劳作，闻着馅儿料的香气，听着孩子的笑声，闲话家长里短，其乐融融。这种温馨的感觉就是"团圆"。

不需要付出太多体力，参与感强，打发时间，娱乐家人，包饺子是一项与美食有关的游戏。若负责调制馅儿料的家庭成员手艺不差，最终，这场游戏会转化成热腾腾的美味，更让人着迷。

北方人的饺子情结在清朝就已经形成了。晚清时，北京有个旗人，名叫穆齐贤，道光年间，在惇亲王府上任六品内管领。这人有写日记的习惯，天天记录今天吃了什么、去了哪儿、见了谁、花了多少钱、买什么东西。那个时代，也许同僚觉得他挺无聊的，吃个早餐还写日记，谁关心你吃了什么。然而，到了今天，他的日记《闲窗录梦》成为了解清人生活的宝贵资料。

观察穆齐贤的行动轨迹，我们发现，此人除了每月上半个月的班，每天就是满北京城溜达着喝茶、喝酒、吃东西，其中吃得最多的就是饺子。

道光八年（1828）：

正月初一，吃饺子。

正月初二，早餐，吃饺子。

正月初三，早餐，吃饺子。

正月初五，早餐，包饺子，花七十文钱买了两个甜橘子吃，晚上吃羹。

正月初六，早餐，吃饺子，买了串山楂。

正月初七，早餐，包饺子，中午出门吃面喝茶，花了六百文，给母亲买了二十个烧饼。

正月初八，早餐，吃饺子。

正月初九，早餐，吃饺子，吃完到阜成门喝茶。

正月初十，煮羊肉，请八舅来喝了两盅。

正月十一，早餐买甜浆粥，吃了两个饽饽，下午，吃饺子。

正月十二，出门赴宴，回家后，还是吃饺子。

正月十三，吃汤圆，看灯，喝茶，一直喝到三更天，又去喝酒，喝完酒已经天亮，给母亲买了汤圆。

正月十八，晚餐，吃饺子。

正月二十三，朋友来访，晚餐一起吃饺子。

正月二十七，有人请我吃饺子，花了三百文，然而……记在了我的账上。

正月二十八，出城看戏，散场后吃饺子，有人请客，这次是真请。

正月二十九，到宣武门外喝酒、吃饺子。

整个正月，吃了十五天的饺子，这种吃法岂会培养不出特殊情结？

笔者身为北方人，其实非常能理解穆齐贤。大清早醒来，睁开眼睛，吐出一口浊气，迷迷糊糊就开始琢磨了，早上该吃点什么？饺子？昨晚刚吃了。盒子？不想吃。包子？不想吃。饼？不想吃。面条？不想吃……那，饺子？得嘞！于是饺子成了很多"不知道今天吃什么"的尴尬时刻破局之选。这样的情况延续至今。

"今天吃什么？""不知道，吃饺子吧。"

"家里来客人了，包饺子吧。"

"正月当然要吃饺子呀。"

"立秋了，贴秋膘，包饺子。"

"今天霜降，有什么讲究没？""有啊，吃饺子。"

"冬至，包饺子。"

"腊八不是应该喝腊八粥吗？""腊八粥又吃不饱，还是包一些饺子。"

……

美食有很多，为什么人们这样迷恋饺子？

大概因为对于许多北方人来说，那是家和幸福的味道。

说脍——
风流总被雨打风吹去

唐朝有一个姓南的举人，一手斫鱼片的功夫闻名遐迩，他每每将鱼架起，引刀削斫，宾客眼花缭乱之际，一条大鱼顷刻见骨。碟子里委积的鱼片落如雪，叠似纱，浮水不沉，风吹可起，可谓是"薄如蝉翼"。南举人凭此绝技，博得好大名声，凡雅集酒会，主人必千方百计请他到场，以壮观瞻。

这一日，南举人应邀出席盛宴。主人殷殷相求，请他务必露一手，南举人欣然同意。满座鸦雀无声，所有人停箸按盏，望向款步登场的斫鱼大师。

请开始你的表演！

南举人仪式感十足地缓缓执起脍刀，接着猝然发动，漫手疾削，肉眼难辨的奇异高速中，刀柄细小的鸾铃哗啦啦响成一线，雪花般的鱼片跃向空际，连成一串，划着美妙的弧线准确落盏。观众们低声惊叹。忽然，雷霆大震，暴雨倾盆，所有鱼片腾飞而起，化为蝴蝶，越过华丽的筵席和目瞪口呆的食客，翩然飞去。

南举人望着雨幕怔忡良久，最后长叹一声，折刀弃地。从那以后，再也没人见过他斫鱼片。

距南举人藏刀约两千年前，大概公元前九世纪，西周宣王酝酿了一场战争。

猃狁族的军队侵入王土，逼近泾河，王朝砥柱尹吉甫率天子之师迎击，大破侵略者。尹吉甫凯旋，宴请宾朋，世人将宴会的情形编成歌谣，千古传唱。直到今天，我们仍可听到它的回响，这便是《诗经·小雅·六月》。诗的末尾写道："饮御诸友，炰鳖脍鲤。"得胜将军同朋友欢宴，珍馐琳琅，但诗中只记了两味：烧甲鱼和鲤鱼脍。

《汉书》有云："生肉为脍。"脍就是生肉、生鱼切成的薄片或者细丝。

生食原本用于高等祭礼，荀子《礼论》说，祭祀先王，以水代酒，叫作"玄酒"，鱼用生鱼，羹用不加任何佐料的"大羹"。保持生食有不忘根本之意。

但是人类的消化系统注定不适合对付生鱼、生肉，为了磨碎一块生肉，人类的牙齿可能需要反复咀嚼几个小时，直到满嘴腥膻，咀嚼肌累得抽筋，最后才勉强囫囵吞下嚼得半烂不烂的肉渣。

为了避免出现这种情况，古人尽量把生肉切薄，从而方便咀嚼和消化，这就是"脍"。

起先，脍是肉类和鱼类切片的统称。两汉之后，肉脍渐少，鱼类做脍的占比显著上升，由此衍生出"鲙"字，与肉脍相区别，专指生鱼片、生鱼丝。

鱼脍的材料以淡水鱼居多，这是由古时保鲜技术和物流能力决定的，海鲜不容易进入内陆，就算是曹植这样的贵族，"脍西海之飞鳞"也不过偶一为之，绝大多数鱼馔只能取自江湖。

《齐民要术》认为做鱼脍首选鲤鱼，一尺左右的鲤鱼最好，体形太大，皮厚肉硬，口感便落下乘。但是在吃这件事情上，一向见仁见智，唐朝一本厨师的自我修养《膳夫经》便持不同观点，书中写道：

脍莫先于鲫鱼，鳊鱼、鲂鱼、鲷鱼、鲈鱼次之，鲚鱼、黄鱼、竹鱼为下，其他皆强为。

言做脍当以鲫鱼为首。鲫鱼细刺多，整食诸多不便，批削成脍，芒刺尽去，又留其鲜美，可谓一举两得。

当然，《膳夫经》亦属一家之言，实际上得文人褒赞最多的还是鲤鱼和鲈鱼。

彼时鲈鱼并非今日常提及的日本真鲈（海鱼），而是江浙一带的松江鲈鱼。

曹操曾在宴会上长声慨叹，说今日筵席酒菜够丰盛了，只恨没有松江鲈鱼、蜀中生姜，这是美中不足。曹操说这话，饕客之意不在鱼，而是志在展示吞吴灭蜀的野望。不过以曹操当时的权势，欲求一尾鲈鱼而不可得，亦见得此味珍美稀有。

南宋时吃鲈鱼就方便得多了。宋高宗绍兴三十年庚辰，三十六岁的陆游从福州北上临安。次年初夏，罢归山阴，携琴负剑，飘零于江湖，意志消沉之下，伏案买醉。蕉窗零雨，陆游从醉眠中蒙眬醒来，闻着空气里的鱼味，兴起而作诗《买鱼》一首：

> 两京春荠论斤卖，江上鲈鱼不值钱。
>
> 斫脍捣斋香满屋，雨窗唤起醉中眠。

他起身出门转了一遭，拎着一捆晚春荠菜、几尾鲈鱼，踽踽回到住处，亲自举刀斫脍，自斟自酌，不觉便醉，忽而雨打窗桹，惊醒过来，斗室杯盘狼藉，窗外风雨飘摇，半日闲散化作无尽的焦虑忧愁。

后蜀末帝孟昶生活糜烂，极其讲究享受。

他宫中有一味"赐绯羊"，又名"酒骨糟"，红曲煮羊肉，紧紧卷起，用石头镇压，浸没酒中腌至羊骨吸饱了酒香，切成如纸薄片。这种吃法也类似脍，不过比较起来，更像今天肘花等卷镇菜。

孟昶吃鱼脍只用新打的活鱼，这种鱼非常新鲜，正是鱼脍选材的关键。他的宠妃花蕊夫人说：

> 厨船进食簇时新，侍宴无非列近臣。
>
> 日午殿头宣索鲙，隔花催唤打鱼人。

渔人一直守在池边伺候着，只等君王一声吩咐，立时下网捕鱼，交予庖厨，果然没有比这更新鲜的了。却不知陆放翁斫脍之时，会不会想起孟昶的穷奢极欲，以及后蜀国破，花蕊夫人那句"十四万人齐解甲，更无一个是男儿"。

脍与日本"刺身"一脉相承，不过中国的脍最讲究一个"薄"字。鱼肉片薄，且不破碎，需要精微至极的刀工。

篇首南举人的刀法夺天地造化，已非人间之技。虽属传说，但由此一例，不难得窥当时斫脍刀法至境，鱼片其薄似纸，随风飞舞，蹁跹若蝶。刀法如魔似幻，超脱寻常饮食，臻至艺术境地，观者怎能不为之动容。

言斫鱼刀法之妙者，早见东汉傅毅的《七激》：

涔养之鱼，脍其鲤鲂，分毫之割，纤如发芒，散如绝縠，积如委红。

细若头发，轻若薄纱，入口冰化。正是"秋蝉之翼，不足拟其薄"，将脍的"纤薄"特性演绎到了极致。

神乎其技的刀法豹隐后厨，不啻锦衣夜行，因此，刀法出色的师傅常被请到台前，在宾客面前施展。

斫鱼有专业刀具，唐人称之为"脍手刀"。专属刀具的出现反映了脍鱼的术业专精，需求之大，斫脍刀手已成为颇具规模的细分行业。

唐末天下分裂，军阀刘汉宏同钱镠 [liú] 剧战不敌，狼狈败走，当时身无长物，只剩一把脍刀。俄而追兵掩至，喝问刘汉宏，刘举起脍刀说："别抓我！我只是个厨子！"追兵见那的确是脍刀无疑，遂不顾而去。

一把脍刀便是一张脸谱。

斫脍如庖丁解牛，不谙此道者削出来的鱼片大小参差，厚薄不均；高手为之，进乎技矣，有如艺术。练成此技离不开大量练习。以唐人之倾心可以想见，必然常常遇到得鲜鱼，却一时找不到厨子的情况，那就唯有亲自操刀。

熟能生巧，上手多了，社会上厨师成材率直线上涨，有些人表面上是公卿大臣，实际上却是一个厨子。

唐太宗李世民的大哥李建成还是太子的时候，一次有人馈送了鲜鱼，李建成急召厨师做脍来吃。座上两位大臣——礼部尚书唐俭和司农少卿赵元楷——听罢，居然自告奋勇地站起来说："殿下何需庖厨，我俩就擅斫脍。"二人就那么身着公卿衣冠，取过脍刀，在东宫殿上为太子斫起了鱼片。

做鱼脍禁沾生水，刀手的砧板或碟子上预先铺就一层草灰，再覆白纸，以此来吸收鱼肉汁液。斫鱼时，先切掉鱼鳍，然后在刀刃上涂抹鱼油或鱼脑，避免鱼肉粘刀。

有一次，为吃鱼虾献出宝贵生命的孟浩然见识了美女刀手的表演，大为兴奋，忍不住高呼："美人骑金错，纤手脍红鲜。"

纤纤玉手，冰肌霜脍，鱼美，人也美，委实秀色可餐。

男子刀法，则胜在刚猛迅疾，正所谓"飞刀脍鲤"。

李白东游齐鲁，蒙仰慕者携鱼酒款待，乃作《酬中都小吏携斗酒双鱼于逆旅见赠》：

鲁酒若琥珀，汶鱼紫锦鳞。

山东豪吏有俊气，手携此物赠远人。

意气相倾两相顾，斗酒双鱼表情素。

双鳃呀呷鳍鬣张，跋剌银盘欲飞去。

呼儿拂几霜刃挥，红肌花落白雪霏。

为君下箸一餐饱，醉着金鞍上马归。

杜甫亦多次观摩绝技，击节叹赏："饔子左右挥双刀，鲙飞金盘白雪高。"只见厨师左右挥刀，案前碟子里如同雪花飘落，白嫩的鱼片高高堆起。

杜甫是懂鲙的，有一年冬季，他赴阌乡县（地属今河南灵宝）县尉宴请，作《阌乡姜七少府设脍，戏赠长歌》，备述制脍食脍过程：

姜侯设脍当严冬，昨日今日皆天风。

河冻未渔不易得，凿冰恐侵河伯宫。

饔人受鱼鲛人手，洗鱼磨刀鱼眼红。

无声细下飞碎雪，有骨已剁觜春葱。

偏劝腹腴愧年少，软炊香饭缘老翁。

落砧何曾白纸湿，放箸未觉金盘空。

新欢便饱姜侯德，清觞异味情屡极。

东归贪路自觉难，欲别上马身无力。

可怜为人好心事，于我见子真颜色。

不恨我衰子贵时，怅望且为今相忆。

宴会的主人于严冬之际凿冰取鱼，交与刀手当席斫批。刀快

无声，脍落如雪，去骨留肉而杂以春葱同享。"落砧何曾白纸湿，放箸未觉金盘空。"谓鱼片鲜美，未曾沾湿盘底所覆的白纸，已为食客伸筷撰走。

为了尊重照顾年老的杜甫，主人特地给他留下腹腴一脔，免得杜甫手慢，每次没等拿起筷子，盘中鱼片就被抢光了。"腹腴"是指鱼的胸鳍到肚子那一块细密无刺的纯肉，是整条鱼的精华所在，遵照先秦古礼，请人吃饭，这一块肉理所应当留给席间尊客。

食脍之风兴于先秦，盛于晋唐，但宋人吃鱼片的热情亦不弱前朝。

北宋初，南馔未入京都，北人鲜见斫脍能手。梅尧臣府上多方聘得一位精擅此技的老厨娘，于是欧阳修等人频频前往梅宅做客，名义上说是切磋文学、谈论政治，实际上多半还是冲着吃鱼片去的。叶梦得《避暑录话》中记载：

> 往时南馔未通，京师无有能斫鲙者，以为珍味。梅圣俞家有老婢独能为之，欧阳文忠公、刘原甫诸人每思食鲙，必提鱼往过圣俞。圣俞得鲙材必储以速诸人，故集中有《买鲫鱼八九尾，尚鲜活，永叔许相过，留以给膳》，又《蔡仲谋遗鲫鱼十六尾，余忆在襄城时获此鱼，留以迟永叔》等数篇。一日蔡州会客，食鸡头，因论古今嗜好不同，及屈到嗜芰，鲁晰嗜羊枣等事，忽有言欧阳文忠嗜鲫鱼者，问其故举前数题曰：见《梅圣俞集》，坐客皆绝倒。

欧阳修等去的次数多了，不好意思每次都空着手，后来干脆厚着脸皮，买了鱼往人家跑，目的昭然若揭。路上还能遇到许多同好，大家都拎着鱼，心照不宣，一起默默钻进梅宅。梅尧臣便遣儿子出去买酒，玉盘行脍，飞章纵酒，摇佩高谈，极欢而罢。

北宋《清异录》记有一种叫作"飞鸾脍"的节目。这是用刀法表演以助食客之兴的玩意儿，刀上系有鸾铃，刀动铃吟，挥刀快极，且具节奏，鸾铃响声密如暴雨。雪白的鱼片腾若飞鸾，落似梨花，配合急促的铃声，令人高度紧张，当真神驰目眩。

飞鸾刀法可能始于唐朝，唐人的一些诗作便见提及。唐人甚至有专论斫脍刀法的秘籍，今能考知者唯余《斫鲙书》一部，其中刀法诸如"舞梨花""柳叶缕""对翻蛱蝶""千丈线"之类。梨花之轻、柳叶之细、蝴蝶之美，我们可以想象一下，一位风度翩翩的俊逸刀客手持双刀，在暴雨梨花般的漫天鱼片中起舞。

吃脍最早的佐料用葱和芥末，那份贯通鼻腔的辛辣足以压制一切生鱼生肉的腥膻。后来，所有辛辣食材似乎都被应用进来了，如萝卜、生姜、蒜，以及酸甜的醋和橙、橘皮丝。

辛辣和酸性佐料不仅提鲜去腥，还包含着中国传统的膳食科学运用：芥末和蒜的杀菌能力可以降低生食带来的肠胃感染风险；紫苏、萝卜开胃解郁，行气宽中，缓解生食不易消化的问题。取此佐鱼，寒凉温补，各用攸宜。

天宝年间，王昌龄被贬龙标县，李白得知后，心痛不已，情深意切地写下《闻王昌龄左迁龙标遥有此寄》：

杨花落尽子规啼，闻道龙标过五溪。

我寄愁心与明月，随风直到夜郎西。

昌龄！不论天涯海角，我的心永远和你在一起。

李白这深情楚楚的表白看得人心都碎了，王昌龄感动之余，没忘了吃鱼片。

龙标在今湖南怀化一带，当时可算不上什么繁华地界，王昌龄的日子不太好过，好在当地鱼货不少，算是些许慰藉。王昌龄自己说：

冬夜伤离在五溪，青鱼雪落鲙橙齑。

武冈前路看斜月，片片舟中云向西。

青鱼鱼片蘸"橙齑"同食。橙齑就是橙皮，或橙肉捣制的酱。由此可见，早在唐代，现代餐厅可见的橙汁加刺身套餐就已出现。历史上，脍的套餐最著名者首推"金齑玉脍"，"金齑玉脍，东南佳味"，不知勾引多少吃货的馋涎湿透了书页。

《齐民要术》中详述金齑玉脍的制法：金齑，用蒜、姜、橘皮、白梅、熟栗子黄、粳米饭、盐、醋和在一起，杵成泥，又称"八和齑"。其中蒜是烫过的，而且不能太辣，否则夺味。橘皮和栗子呈金色，是为金齑。橘皮、白梅和醋的酸，蒜和姜的辛辣，米饭和栗子的香糯，以及盐，一同构成层次丰富的味道系统。这道金齑玉脍的佐料色香味俱全，兼且驱寒暖胃、去腥杀菌。

至于"玉脍"，是指鱼肉之白嫩剔透如玉，倒不拘于某一种鱼。《齐民要术》主张用鲤鱼，隋唐谈到金齑玉脍，则提倡用八九月打霜时节的松江鲈鱼：

> 做鲈鱼鲙，须八九月霜下之时，收鲈鱼三尺以下者
> 作干鲙。浸渍讫，布裹沥水令尽，散置盘内。取香柔花
> 叶，相间细切，和鲙拨令调匀。霜后鲈鱼，肉白如雪，
> 不腥，所谓金齑玉脍，东南之佳味也。紫花碧叶，间以
> 素鲙，亦鲜洁可观。

"香柔花叶"可能指的是香薷，此物辛散温通，能发汗解
表，化湿和中。现代研究认为，香薷的挥发油对大肠杆菌、金黄
色葡萄球菌有抑菌作用。

到明代，世人不再像唐宋时期的人们那样迷恋食脍，金齑玉
脍在江浙一带演变为鲈鱼鲊和鲫鱼干，搭配香杏的花和叶、回回
豆、地椒和杏仁油调和，紫绿相间，亦称美味。

唐人把吃脍升级成眼、耳、鼻、舌、身、意六识并娱的华丽
表演。宋人更务实一些，他们充分拓展了脍的边界。到宋元之
际，单是存在于书页上的名脍便已相当丰富：

> 鱼脍、鹿脍、水晶脍、鱼鳔二色脍、海鲜脍、蚶子
> 脍、淡菜脍、香螺脍、肚眩脍、羊生脍、蹄脍、鲜虾蹄
> 子脍、五珍脍、三珍脍、鹌子水晶脍、虾橙脍、水母
> 脍、七宝脍、缕子脍、羊头脍、腌脍、干脍。

广陵（今江苏扬州）"缕子脍"，鲫鱼、鲤鱼肉切细薄片，

衬以嫩鲜笋、菊花幼株作为胎骨，清新雅致。在吴越一带，把鱼片拼成牡丹花样摆放在盘里，色微红，如初开之牡丹，美名曰"玲珑牡丹鲊"，以花入菜，以菜比花。一枚精雅的瓷碟里，盛装的似乎就是那个穷奢极侈的南宋王朝。

宋代之后的脍不再限于生食。"水晶脍"是鱼鳞、鱼皮、肉皮、琼脂之类冷凝的切片，类似肉皮冻、鱼皮冻。熬冻的时候，用葱、花椒、陈皮充分调味，薄薄切片，佐韭黄、生菜、木樨、笋丝、芥末和醋，鱼冻在口腔中融化的一刹那，各种滋味，纷至沓来。

宋人惯用鱼鳞熬冻，南宋陈元靓《事林广记》里有一味鱼冻，用赤梢鲤鱼鳞洗净了慢火熬煮，待汤浓时，撇去鱼鳞，借着冬月寒天，汤放冷凝，切块，浇五辛醋。这种鱼鳞冻是醒酒的好东西，黄庭坚醉酒后吃过一回，印象深刻，称其为"醒酒冰"，其他酒友纷纷表示贴切。

"水晶冷淘脍"则是供暑期享用的猪皮冻冷面。猪背皮三斤洗净，带膘入锅，急火煮沸，转文火慢炖。熬到汤汁减半，撇清浮末，倒进大盘子，趁热晃动。等到冷凝，揭下，切入面条里。搭配生菜、韭菜、笋丝、萝卜丝，浇五辣醋。

"羊头脍"是正宗的熟食。白羊头洗净，蒸烂熟，切细，调五味汁。

蚶子、香螺做脍有一种生切细丝后，浇以沸腾烈酒的吃法，在唐代，这种吃法被称作"泼沸"，可见唐人也不是一味食用生脍。唐代名医昝［zǎn］殷在其所著的《食医心鉴》中记有一则鲫鱼脍：鱼脍投入热豆豉汤中，次第下莳萝、橘皮、芜荑、干姜、胡椒诸料粉末，这就有点儿火锅的意思了。

脍的摆盘十分讲究，明代《吴兴掌故集》说，旧时湖州人斫脍，缕切如丝，摆成人物、花草，杂以姜桂点缀佐味。真是才入眼帘，便上舌尖。

鲜鱼不可常得，腌制便相当于古人的冷藏，大大延长了食物的储存期限。相比鲜鱼脍，腌鱼脍无疑是更常见的。

唐人《提要录法》中记有一味鲫鱼脍的做法，选大鲫鱼，鱼腹剖开小口，填充花椒、马芹，用盐和油涂抹鱼体表腌三天，再擦一遍酒，入瓮封口。一个月后，鱼肉变红，可以直接片了吃。

除了腌脍，还有干脍。五黄六月盛暑时节正是做干脍的好时机。渔船出海，新打的米鱼薄薄细切，就在渔船上晒着，三四天后即成。最正宗的干脍能保五六十日的新鲜。

元朝，脍走过了最后的辉煌，明清两朝，脍日渐衰微。明人笔记喟然道："今自闽广之外，不但斫者无人，即啖者亦无人矣。"

由于卫生问题，食用生鱼可能感染华支睾吸虫病之类的寄生虫病，纵得芥蒜之力，亦无法杜绝。

三国陈登吃鱼片吃得胸中烦满，不能进食，华佗诊视后说："府君胃中有虫数升，食腥物所为也。"开药服下，吐出三升虫子，便是寄生虫了。可惜未得根除，三年之后，这位早属吕布、后归曹操的一时俊杰虫病复发而死。

清末之人已明确知晓生鱼、生肉含寄生虫卵，不建议食用。兼之明清烹饪之道，去近世不远，饮食所尚，多好熟食。于是当年风流如暮春的梨花，终于凋零谢落了。

元朝的"照鲙"记录了脍由生食转为熟食，由鱼片融入汤羹的痕迹。活鱼去头尾、内脏，薄切，摊于白纸晾片刻，待汁液稍干，切成细丝。萝卜剁成泥，挤出水分，加姜丝和鱼片拌匀，拈一茎香菜，芥末醋浇淋。鱼头鱼尾煮姜辣羹，加入菜心，一鱼两吃。

鱼脍和羹汤搭配最经典的例子当然还是"莼羹鲈脍"。西晋末年，在洛阳为官的苏州人张翰见秋风萧瑟，北雁南飞，想起故乡的菰菜、莼羹、鲈鱼脍，喟然浩叹："人生贵得适志，何能羁宦数千里以要名爵乎！"算计只有归来是，还是回去罢！断然抛却禄位，挂冠归乡。

唯有美食可堪慰藉生命。莼鲈之思的典故赋予了脍别样的情怀：全身远祸，戢鳞潜翼，明哲保身。

无数江湖断肠客艳羡张翰的洒脱，随心到处，便是楼台；又难以割舍功名理想，不甘时乖运蹇；走还是留，归去还是驻守——这是中国文人的烦恼，也是无数离开故土漂泊在外的游子心结。

叹年光过尽，功名未立，书生老去，慷慨生哀。

数千载光阴逝去，脍已然卸尽铅华，褪下盛装，转身消失在历史朱漆斑驳的门外，但是脍的情怀余音绕梁，仍在拨动心弦，袅袅回响。那是宋人杨炎正所作的一曲归乡的歌谣《玉人歌》：

凤西起。又老尽篱花，寒轻香细。漫题红叶，句里意谁会。长天不恨江南远，苦恨无书寄。最相思，盘橘千枚，脍鲈十尾。

鸿雁阻归计。算愁满离肠，十分岂止。倦倚阑干，顾影在天际。凌烟图画青山约，总是浮生事。判从今，买取朝醒夕醉。

一船风月摇入寒汀烟渚，听笛声彻云，霜刀脍缕，抱膝纵酒，揽江入梦。

梦里，故乡在天涯，故乡在枕边，故乡在眼前。

甜食清欢 内

　　孟子说："口之于味，有同嗜焉。"其实个体对味道的感应千差万别，这种差别也存在于地区之间。

　　比如，大约有30%的北美高加索人和40%的印度人尝不出丙基硫脲嘧啶（西蓝花的苦味来源）的苦味，而东亚只有3%的人分辨不出。这就解释了为什么一些欧美大汉豪饮啤酒若喝水，而我们身边总有几位朋友，不论尝过多少种啤酒，都无法理解这种苦兮兮液体的好喝之处。差异之形成绝非我们朋友太矫情，而是因为他们天生对苦味更敏感。

　　自然界不少有毒的东西尝起来都是苦的，在原始时代，更敏锐的味觉帮助先民规避祸从口入的危险，也许这正是人类讨厌苦味的动机。所以不要取笑怕苦的朋友，倘如将他们同啤酒大汉一道丢回原始时代，朋友一顿饭吃饱后，准备眯个午觉的时候，大汉可能已经毒发身亡。

但是对于甜，全世界基本上做到了"有同嗜焉"。

当今甘蔗的全球产量遥遥领先。其绝大部分显然并非供给直接食用，而是作为原材料，粉碎在了制糖工业的流水线上。

甘蔗与高粱出自同一个祖先，大概在七百七十万年前，哥儿俩分家。南太平洋的新几内亚岛（位于澳大利亚以北）土著居民最早驯化了甘蔗，他们种植的是甘蔗属六个种中最甜的一种——热带种。从一万年前开始，史前的古老航海者零零星星带着甘蔗离开海岛，去往其他大陆，与当地原生的野生甘蔗相遇，实现了自然或人工杂交。

与苹果的情况相似，中国也有自己的原生甘蔗，早期分布在华南、西南南部一带，古人多生吃和榨汁。《楚辞》说"胹 [ér] 鳖炮羔，有柘浆些"，柘浆就是生榨的甘蔗汁。楚人迷恋这种味道，连炖甲鱼、烤羊羔也用甘蔗汁调味。

唐朝人每以甘蔗汁醒酒，满满一大杯下去，醉乡都染成了甜的，王维《敕赐百官樱桃》：

芙蓉阙下会千官，紫禁朱樱出上阑。

才是寝园春荐后，非关御苑鸟衔残。

归鞍竞带青丝笼，中使频倾赤玉盘。

饱食不须愁内热，大官还有蔗浆寒。

中国原生甘蔗糖分含量偏低，制糖效果欠佳。因此先秦时期，除了蜂蜜，中国人食用最多的乃是麦芽糖。麦芽糖问世之前，古人嘴甜只能是小嘴抹了蜜，大概抹不了其他东西。最晚到西周，小嘴就可以抹麦芽糖了。

麦芽糖古称"饴"，具有史诗性质的《诗经·大雅·绵》歌颂伟大的周民族筚路蓝缕，迁国开基，从开局时连房子都盖不起的小部落发展为雄视西土的方国。其中说周国立足之地周原土地肥沃，"周原膴膴，堇荼如饴"，堇菜、荼菜这种苦味的蔬菜都种得像饴糖一样甜。

中国老人自道"含饴弄孙"，有糖可吃，有孙子可逗，生活安闲，饮食优裕，就是天伦之乐。《礼记·内则》："子侍父母，枣栗饴蜜以甘之。"孝敬父母，多给老人家买点甜食，那会儿什么是甜食？这里提到的是枣、栗子、饴糖和蜂蜜。饴由生了芽的米或大麦熬制，谷物种子发芽之际产生的淀粉酶会将淀粉水解成糖类，这样更容易熬取。熬的时候火候旺一些，熬得干一些、硬一些，所得之物就由饴变成了"饧"。

随着东南亚和南亚地区的甘蔗输入，杂交改良，加上受到进口货的启发，南北朝以前，国产蔗糖出现了，当时称为"石蜜"。制法简单：生榨的甘蔗汁，滤去杂质，大锅熬一遍，倒进模子，烈日下暴晒，凝缩所得的固体就是"石蜜"。这么做出来的糖，甜倒是还算甜，奈何纯度不高，黑不溜秋，品相很不好看。

贞观二十一年（647），唐太宗收到中印度摩揭陀国贡来的一批糖，比御用上品要好得多，唐太宗吃上了瘾。毕竟贡品十分有限，太宗生怕以后吃不到，索性直接派人西天取糖，去印度考察学习。唐人取得印度的熬糖之法，同自己国家的工艺相互印证，所制之糖的质量反超印度。有了好糖作为底子，从这时起，中国的甜食真正起飞了。

甘蔗是典型的劳动密集型作物，种起来费时、费力、费人工，几百年后，欧洲人从非洲掠夺奴隶，相当一部分就是为了填充海外甘蔗种植园。所以说，倘若甜食市场有限，种甘蔗便无利可图；甘蔗种植规模有限，反过来又制约了甜食发展。而宋朝商品经济发达，名都大邑的甜食消费量巨大，市场一旦解锁，种植甘蔗的积极性就被激发了。

唐代人开始研究的糖霜工艺，到了宋人手里玩得越发得心应手，他们还做出了白砂糖。宋代的甜食在《武林旧事》中就有记载：糖丝线、泽州饧、十般糖、糖脆梅、韵姜糖、花花糖、糖豌豆、乌梅糖、玉柱糖、乳糖狮子、糖豆粥、糖粥、糖糕、蒸糖糕、生糖糕、蜂糖糕、诸色糖蜜煎。这是前所未有的甜蜜朝代，精致糕点，从金池夜雨到苏堤春晓，缱绻了无数旖旎梦。

"糖蜜煎"就是蜜饯，"煎"之一字不仅指腌渍，亦指熬煮加热。起先，蜜饯多由蜜渍，后来糖浆代蜜，渐居主流。养蜂取蜜，唐人业已为之，贾岛《赠牛山人》："凿石养蜂休买蜜，坐山秤药不争星。"

云南西部有一种土法寻蜜很有意思。当地人先捕一只大蜂，在蜂腰上系一条细线，悬以醒目的彩纸，迎风放飞。一众寻蜜人乌压压地扛着锄头钉耙尾随其后，随那野蜂翻山越岭，找到蜂巢。深山养成的蜂巢往往体积极大，捣而毁之，动辄得蜜数百斤。

宋人几乎收集了当时所有的水果，尝试将其做成蜜饯，如蜜金橘、蜜木瓜、蜜林檎、蜜金桃、蜜李子、蜜橄榄、樱桃煎、十香梅、蜜柑（橙子）、蜜杏、蜜枣、糖荔枝，各季鲜果，煎酿曝糁，其中品质佼佼者号为"九天材料"，比作瑶池仙珍。

做蜜饯做得停不下来，乃至用蜜造假。那时北方绝少见鲜杨梅，于是北方水果贩子就用杨梅汁浸泡构树果实（楮实），复填以蜂蜜，充当杨梅叫卖。实际上，构树果实压根儿连水果都算不上，只不过外观略似杨梅，这番衔玉贾石，不知坑了多少顾客。顾客买回"杨梅"一尝，口感有如木渣，杨梅的口碑自然污毁。大概也正因如此，苏东坡口中冠绝天下之物始终为荔枝，杨梅名声未得登峰造极。

糖渍与盐腌一样，凭借强大的渗透压，使微生物脱水，以延长保藏期，将食材酿成一首甘甜不腐的诗歌。像荔枝这种"一日色变"从前困守产地的水果，得糖渍魔法，冻结了时间在它身上的流逝，终于无须"山顶千门次第开"，亦可从容北上，令宋代的中原人过一过当年杨贵妃的瘾了。

元代，随着蒙古人的广泛征服，领先世界的埃及制糖术经阿拉伯人传入中土。马可·波罗在他的游记中说"大汗征服之前"，福州糖坊的产品黑如煤渣，经国外技术改良，发生了天翻地覆的变化，一举提纯出冰晶般的白砂糖。季羡林先生指出，元代制糖术的飞跃较唐太宗取法印度进步更大。

不过，宋元两代，大城市和产糖区以外的平民百姓想尝尝糖的味道似乎还是不太容易。忽必烈的宰相廉希宪生病，需要砂糖做药引，堂堂相府，居然找不出来，最后还是忽必烈获悉遣赐，才救下廉希宪一命。

及至明清，承平之时，蔗糖产量稳定下来，蜜饯周流天下，下沉成为民间最普通的零食。小康之家收藏几罐，打围碟、摆茶食，开出几盘消闲待客的情形，遍见于时人笔记小说。蜜饯的领域延伸到了现代甜食都罕见涉足的食材，如苹果、橙子、木瓜、阳桃、桑葚之类的水果，照例白蜜生腌，红瓷封贮，制成蜜饯；另外，藕、茭白、竹笋、芦笋、蒲白、姜、茄子、冬瓜、蘘荷、刀豆、豇豆之类的蔬菜也统统蜜饯处理，连地黄、商陆、木通、天门冬、川芎、天麻（赤箭）、菖蒲等中药材也拿来做蜜饯，天下万物，简直就没有不能做蜜饯的。

数百年来，各种蜜饯如繁星般闪耀天空，点缀了多少孩子的欢声笑语。

现代食品工业采取糖渍之法贮存食材，要求含糖量超过60%方得有效抑制微生物活性。古法通常达不到这样的标准，明代江南薄荷甘草味的"天仙杨梅"用糖已经算多的了，犹难企及50%：

紫苏薄荷各四两、杨梅一斤、糖一斤，贮瓷内幂之。

记取五方日色，移暴干杨梅，甘草汤煮，淡以糖渍。

明代山东的山楂膏，每十六两（旧制一斤）山楂用四两白糖霜：

山东大山查（楂），刮去皮核，每斤入白糖霜四两，

捣为膏，明亮如琥珀，再加檀屑一钱，香美可供，又可放久。

古法蜜饯之所以含糖量偏低，一方面缘于当时不具备科学精准的实验数据、行业标准，量糖几何才能防止食材腐坏，全靠估测斟酌；另一方面，生产力不够，为降低成本，添加至"差不

多"即止，不去追求最佳效果。

走进古时一家糖果店逛逛，货架上琳琅满目，除蜜饯之外，尚可觅得许多其他水果为主要材料的零食，诸如果干、果酱、果粉。果干无须多言，什么梨条、梨干、枣圈、桃圈、林檎旋、查条（山楂条）或直接晒干风干，或切片、切条、去核切成圆圈，经盐渍糖渍晒干。

水果摔了、烂了也不虞浪费，不妨做成果粉。果粉与炒米、炒面粉一道，通称为"麨"[chǎo]，杏、李、枣、柰、林檎皆可为之。果子成熟之季，收其伤损枯烂者，先煮或蒸一下，榨取果汁晒干，又或不必榨汁，果肉直接晒干捣碎，磨成粉末。吃法类似现代的固体饮料，挖一小勺"和水为浆"，酸甜味足，是古人的消渴佳饮；行旅带上一包，赶路的时候拌炒米同食，让冷硬粗粝的干粮好下口一些。

明朝人做出了一种直到现在都常见的零食：桃、李、杏蒸熟压取汁液，林檎、柰子、楸子（都是中国原产小苹果）直接生榨果汁浓浓熬上一锅，混合蜂蜜倒进模子，置于烈日之下，表层晒干即揭去储存，如此一层一层揭取，所得之物薄如油纸，因为是水果"锻造"而成，故名"果锻皮"，今天称为"果丹皮"。

清代百姓开始熟悉走街串巷的小贩儿扯着长腔吆喝"冰糖葫芦"的声音了，当时的冰糖葫芦既有山楂做的、海棠果做的（楸子）、山药豆做的，又有葡萄做的。严冬夜里烤火烤得头昏，此时来上一串冰糖葫芦，脆甜清沁，提神醒脑。

清代有药典认为，腊月将砂糖用瓶封好，窖藏在粪坑里，可以治疗时疫，不知是何原理。小孩向母亲嚷嚷着要吃糖，妈妈当着孩子的面挖出了埋在粪坑里的糖，从此孩子再也不要糖吃了。

假使当妈的不为此恶作剧，那么孩童打开的糖果世界照样可以五光十色——松子糖、玫瑰糖、窝丝糖、紫砂糖、老松糖、腊月糖、琥珀糖、牛皮糖、水晶糖、风消糖、藕丝糖、芝麻糖、裹糖，还有极白无滓、入口酥融如雪的葱糖，铸成宝塔、人物、鸟兽形状的响糖，坚果、橙皮、薄荷做的缠糖。这些早已被先进工艺所淹没、融化在时间里的粗糙糖果，也曾点亮先祖的眼眸，赋予生活甘爽的明澈。

当然，在那些牙齿清洁不够讲究的时代，贸然闯进糖果世界，福祸难料。对于这一点，前人早有警觉，北宋寇宗奭的《本草衍义》就提出，小孩子吃糖太多，牙齿要生蛀虫的。

最后，我们来谈一谈另一道作古的点心——鲍螺。

单看名称，似乎是什么水生软体动物，实则鲍螺乃是一种奶油加糖熬制的甜点，因其螺旋之形，或相互抱结之态仿佛田螺而得名。在谈鲍螺前，有必要宕开一笔，先谈谈奶油。

北魏时，中国的奶油分离技术已经颇为成熟。北魏拓跋氏建国，来自塞北的饮食风尚渗透中原民家。烹羊食酪原为北地标志，那时南北食俗分野判然，南方人对北方的各种乳制品成见极深。

三国时期邯郸淳所著的《笑林》中有一则小故事，说南方商人北上做生意，北方合伙人请他吃饭，按照北方的习惯，上了一份乳酪。南方人不识，只觉得这东西模样古怪，气味难闻，但碍于面子，便勉强吃了下去，回到客店，翻江倒海地大吐一番，半条命都吐掉了，气若游丝地叮嘱儿子："北方人奸恶无比，竟公然给我吃毒药，你可千万要当心！"

其实南方人之所以吃不惯乳制品，除了口味，另外一个重要原因应该是乳糖不耐受。人类是为数不多过了婴儿期还会喝奶的哺乳动物，问题是，断奶之后，包括人类在内的哺乳动物肠道里用以消化乳糖的乳糖酶就会减少或停止产生。而乳糖必须经乳糖酶分解成葡萄糖和半乳糖才能被人体吸收。当乳糖酶不足时，摄入的乳品在肠道中无法消化，便会堆积发酵，使人腹泻呕吐。

北方游牧民族因长期摄入，经过基因变异，乳糖耐受的能力略强于当时的南方人。而依然不能耐受的游牧人会选择食用经过发酵的乳酪和酸奶，从而减轻肠道负担。

对于牛奶、羊奶的各种料理加工，北朝人研究得明明白白。当时，奶油分离常用"抨酥法"，"抨"即摔打，反复摔打，奶中密度较低的脂肪分离出来，浮上水面，捞起手攒成团，微火加热，进一步烘干水分，奶油即成。

奶油产量有限，宋代以前，通常调和乳粥，偶尔直接食用。后晋高祖石敬瑭原在后唐为将，与梁军交战勇冠三军，"领十余骑，横槊深入，东西驰突，无敢当者"。后唐庄宗嘉其骁壮，手拊其背，亲手投喂奶油，当时以为异恩。

奶油有了，理论上大可发明奶油蛋糕，只是中国古代白案师傅的技能树上没点亮烘焙蛋糕这一枝，因而失之交臂。虽然蛋糕没出现，但宋代出现了奶油裱花，时称"滴酥"。陆游《钗头凤》中"红酥手，黄縢酒，满城春色宫墙柳"大概便是忆起与初恋唐小姐滴酥把盏往事之叹。

北宋哲宗朝，永兴军（治所在今西安）知军蒲宗孟的儿媳也是一位奶油裱花高手。蒲宗孟赋性侈汰，起居豪奢。豪门的儿媳不必像寒家小户那样，针劬甂釜，百事操劳。瓶花吐艳，炉香袅袅，长日无事，儿媳就闭门在家玩奶油，红袖素手，凝眸细造，裱注成各式花果，惟妙惟肖。

蒲家宴请宾客，儿媳的奶油裱花当成保留点心，用精致的瓷碟，每碟承置一枚，每位客人面前堆叠二十碟。青瓷白酥宛如碧波荷芰，层层绽放，端的穷工极巧。宾客交口称誉，蒲宗孟大有面子，于是指派儿媳，往后专门在家裱花奶油，以供宴客。原本一桩消闲的事，就此成了固定工作。蒲宗孟身为地方长官，家里应酬不绝，儿媳被迫日夜裱花，反而大受其累。

鲍螺大抵也出自宋朝这个开放消费的时代，宋人吴自牧在《梦粱录》中回望临安繁华，提到杭城大街的夜市"西坊卖鲍螺滴酥"。明人介绍尤详，宋诩《竹屿山房杂部》中记载：

取下牛湩贮于一瓷，造十字木钻立于其中，令两人对持，纠缠牵发其精液，在面者杓之，复定，垫其浓者煎，撇去焦沫，遂凝为酥。有苴白砂糖模为饼。有叠白砂糖，切为糕。清者加少羊脂肪，烘镕，和以蜜，滴旋水中，而若螺抱者，日抱螺。皆至寒月可造。凡煎每斤加切白萝卜一二片，去其膻尽。

生牛奶静置一段时间，待较轻的奶油上浮，提取出来，掺少量羊脂炼化，复添蜂蜜，寒冬时节滴入冰水冷凝而成，雪腴霜腻，沁人肺腑。明人张岱《陶庵梦忆》中记载的"带骨鲍螺"已无须冷凝，而是用模具压刻成型。

鲍螺之流行集中于上层社会，宋诩、张岱皆缙绅子弟，兰陵笑笑生在《金瓶梅》中说鲍螺"非人间可有，吃了牙老重生，抽胎换骨"，直比仙丹，更见得此味罕见。

奶油既已现身，冰激凌的问世便顺理成章。冰激凌之为物，主体是冷冻且添加了糖的奶油或鲜奶油。糖和盐能够降低水的冰点，也就是让水不那么容易结冰，大雪后路面撒盐融雪正是这个原理。如此，冰激凌中的水分将同时以冰晶和液态水的形态共存。固态的冰晶有如骨架，支撑并聚合起黏稠的水、乳脂、乳蛋白和糖，初步形成冰激凌柔和细腻的质地。进入口腔，固态乳脂受热融化，释放出大量芳香物，丝滑醇厚，宛若情人温热的吻。

中国古代的甜品师错失了奶油蛋糕，万幸不曾错过冰激凌。做冰激凌之前，首先要解决冷冻问题。早在先秦，周王室便专设"凌人"部门负责掌冰。取三冬之冰藏入冰窖，《诗经·豳风·七月》："二之日凿冰冲冲，三之日纳于凌阴。""凌阴"就是冰窖，在河南安阳、陕西凤翔分别发现过殷墟大司空凌阴遗址和春秋秦德公凌阴遗址。可以看出，冰窖几乎是诸侯级的大贵族标配设施，所以古代贵胄豪门号称"伐冰之家"。

盛夏蒸燠，到冰窖敲一块下来，捣碎了铺进冰鉴，专门用来冰酒。冰鉴这种东西，常见论者比于冰箱，其实它更像现代冰镇啤酒、红酒的冰桶。冰鉴乃是两件器物组合的套装，一是鉴，一是缶，缶装酒，鉴盛冰，缶再坐在鉴里。仆人抬着，呈上贵族食案，揭开盖子，一大箱子冰块镇着一缶美酒，高级感十足。

唐、宋、明、清，从中央到州县，官方皆凿有冰井贮冰，供给祭祀之余，主要用来消暑。《开元天宝遗事》中说，杨贵妃承宠之日，杨氏子弟豪富，每至三伏时节，取大冰使匠人雕琢为山，一块块堆在宴席之间，座上宾客皆面有寒色，有的经不起冻，叫下人取来棉衣裹着，其寒若此。

炎炎盛夏，在宋代街市之上徜徉得焦热，拣那青布伞下，挑副座头坐定，叫一碗"砂糖冰雪冷元子""砂糖绿豆甘草冰雪凉水""雪泡梅花酒"之类的冰镇冷饮，啜上一口，一道寒气直沁五脏，齷齪都销尽，周遭尘土飞扬的喧嚣市井似乎也瞬间清爽起来了。据闻，有一回，宋孝宗冷饮喝得太多，拉肚子拉得差点儿拉到龙驭上宾。

而至晚在唐代，冰冻奶油业已流行。晚唐诗人和凝的《宫词》写一位宫嫔蕙心纨质，妙手巧思，精心点造冰激凌，并以描眉的螺黛细细勾勒出青山之边，只盼君王一顾：

暖金盘里点酥山，拟望君王仔细看。

更向眉中分晓黛，岩边染出碧琅玕。

此中"酥山"便是冷凝奶油。晚唐妃嫔宫女幽居深宫，长日多暇，颇有钻研此道者。和凝另一首《春光好》亦道：

纱窗暖，画屏闲，鬓云鬟。

睡起四肢无力，半春间。

玉指剪裁罗胜，金盘点缀酥山。

窥宋深心无限事，小眉弯。

酥山的制作极考验功夫，严冬时固然制作较易，但是天寒地冻，做出来了，君王也未必领情。而夏天取冰定型，维持山形不倒就是个技术活了。因为讲究的酥山绝非随便淋下奶油，冻成一坨冰疙瘩了事，而是要待第一滴奶油凝冻之后，才滴下第二滴，

如此方得控制造型。

和凝是一位资深的冰激凌爱好者，自称"甘捐躯而自徇"，为了吃冰激凌，连捐躯都甘愿。他还有一首《宫词》写宫里吃酥山的情形：

斑簟如霞可殿铺，更开新进瑞莲图。

谁人筑损珊瑚架，子细看时认沥苏。

好端端的，宴会上突然捧上一只珊瑚。这是做什么，让我们啃珊瑚吗？这玩意儿谁啃得动？满头雾水的和凝凑近仔细一看，原来是一盘珊瑚形状的酥山！珊瑚枝丫纵横繁出，显然需要点滴冷凝方可制得。而"斑簟如霞可殿铺"一句言明时值盛夏，否则坐垫不必铺斑竹凉席。

水磨功夫，砌成玲珑雪山，就这么白花花地端上筵席，似乎还嫌美中不足。于是制成之后，唐人将其染色，或点缀装饰。

武则天次子、谥章怀太子的李贤墓中出土一幅壁画《侍女内侍图》，图中一名侍女身着翻领胡服，手捧长盒，盒中装有白色冰块之物，疑似酥山。另一幅《托盆景侍女图》，侍女所托的六曲盘里像是插有花草的山石。

唐人王泠然的《苏合山赋》："味兼金房之蜜，势尽美人之情。素手淋沥而象起，玄冬涸沍而体成。足同夫霜结露凝，不异乎水积冰生……岂若兹山，俎豆之间，装彩树而形绮，杂红花而色斑。"则此"山石盆景"未必不是酥山。

羊肉——
元朝人的味道

如果朝代有味道，那元代一定是膻的。

"说起吃羊，"元朝人对汉朝人、唐朝人哂笑道，"在座的各位都不行。"

元人极嗜羊肉，羊肉的量词不用"斤两"，而是用"脚子"。脚子是一个约量词，如今东北、内蒙古一些地区还在用这个量词估量肉类。

"一脚子"最大可以指四分之一只羊，最小则指一块肉，几乎可以理解成"一大块"。

翻看元人菜谱，满眼都是羊肉：

一脚子羊肉切碎，加五枚草果、半升去皮捣碎的鹰嘴豆熬汤。待羊肉煮熟，捞出剁馅儿，一钱陈皮、一钱白生姜，以及其他佐料拌入搅匀。甘薯、玉米传入之前，常用来制作淀粉的芡实磨粉与豆粉相和，擀成薄皮，草原特色与中原传统面食相遇，成就了这味"鸡头粉馄饨"。

八百年前，蒙古骑兵东征西讨，开辟了有史以来疆域最辽阔的帝国，食物流转变得更方便、更频繁，众多异域食材及其烹调方式传入汉地，鹰嘴豆煮羊肉就是其中之一。

鹰嘴豆原产自中东，在当今的以色列、黎巴嫩、巴勒斯坦等国家和地区，鹰嘴豆泥仍然是极为常见的食物。

蒙古人把中东地区吃鹰嘴豆的习惯带到中原，对整个汉地饮食产生了阶段性影响。完整形态的鹰嘴豆质地偏硬，并不讨食客喜欢，中东人将豆子煮熟，同柠檬汁、蒜、橄榄油混合，研磨成泥，使原本的生硬口感变得驯顺丝滑，并且带着香浓和淡淡清新，缠绵于唇齿间。

草果是另一种经常出现在元人炖羊肉中的佐料。事实上，在今天炖煮界，草果的应用同样相当广泛，有时我们会在肉汤、面条或者火锅锅底捞起一些椭圆形果壳，十有八九就是草果。

草果这名字看上去陌生，那么说到"豆蔻"，则一定耳熟能详得多。草果是豆蔻的一种，与豆蔻家族的大多数成员一样，草果最适合与炖肉搭配，用来中和肉类的腥膻。

元人忽思慧在所著的《饮膳正要》里写了一种从名字到做法无不充满异域风情的汤——马思答吉汤。一大块羊肉、草果、肉桂和去皮捣碎的鹰嘴豆一同熬汤，待到羊肉炖熟，捞出肉块，再下煮熟的鹰嘴豆、香粳米、马思答吉、盐，放肉块、香菜。

包馄饨、炖肉汤用羊肉并不稀奇，稀奇的是，元人做大麦茶、熬粥也非羊肉不欢。看来在元代，养羊绝对是一个赚钱的买卖。

先看看羊肉版的大麦茶：仍然取一脚子羊肉和草果同炖，肉熟捞起，两升大麦仁煮微熟，下入羊肉汤，加盐煮熟，最后放入羊肉。

羊肉切碎熬汤，加黄粱米、葱、盐的吃法，元代人称为"乞马粥"。

"拨鱼儿"也叫"剔尖"，拨和剔是指制作这种食物的手法，北方人将一缕缕面糊挑入开水煮熟，形状似鱼。元代的"玲珑拨鱼"是将肥牛肉或羊肉碎切，置入面糊搅匀，汤匙拨进开水。面浮而肉沉，即是"玲珑"。放入盐、酱、椒、醋调味。隆冬时节，一碗热腾腾的拨鱼儿驱寒暖身，叫人百体舒泰。

与宋代一样，元代的馒头也大多有馅儿，唯其做法粗犷，如黄雀馒头：

黄雀褪毛，拗掉头和翅膀，同葱、花椒一道剁碎，加盐拌和，塞进黄雀腹腔。裹面做成长卷形状，蒸熟。可以即食，也可以糟一下（酒腌）再油炸。咬一口馒头，一嘴的碎骨头渣。

元朝多部食经都出现了一种叫作"兜子"的蒸制类主食，兜子以面皮兜着馅儿料，无须捏合封口，所以馅儿可以塞得比包

子多。《居家必用事类全集》认为，兜子就是唐人的馎[bì]饠[luó]（毕罗），来看一下这种东西的做法。

蟹黄兜子：

三十只蟹，蒸熟，只取蟹肉备用；一斤半生猪肉，细细切片或切丝；五枚鸭蛋黄，用香油炒过。以上三种，同花椒粉、胡椒粉、姜丝、橘丝、葱花、二两面酱、一两盐，以及其他佐料，面粉勾芡，拌匀，馅料便制成了。碗里铺一张粉皮，裹馅儿，蒸熟。

荷莲兜子：

三大块羊肉切碎，两个羊尾切碎，八两芡实米、四两巴丹杏仁、八两蘑菇、一斤杏泥、八两核桃仁、四两开心果、一两胭脂、四钱栀子、两斤素油、八两生姜、羊肺羊肚各两副、小肠一副、四两葱、半瓶醋、少许香菜。将以上食材拌成馅儿。

四斤豆粉，打三十个鸡蛋和面擀皮儿，皮子铺在碗里，盛馅儿，皮子向内掩合，蒸熟。因形似荷花绽吐莲蓬，故名。八两松黄浸水成汁，浇淋其上。

这份荷莲兜子馅儿料丰盛，一口咬下去，百媚绽放，舌上生莲。对于当时的吃货而言，如此美食便是莲华世界。

从以上两例可见，兜子介于主食和蒸菜之间，吃前浇淋芡汁，与今天的一些蒸菜吃法相仿。

元朝时，羊肉、乳制品、酥油的应用也极为广泛，成为这个短暂的帝国留在汉地饮食基因里的永恒烙印。

糯米、蜂蜜、酒醅（固态发酵法酿造白酒时，窖内正在发酵或已发酵好的粮食）、白饧（麦芽糖）和面，擀极薄，入油炸，出锅后撒白糖和面屑。饼之脆，风吹辄化，故名"风消"。

今天，"煎饼"形态多样，但在鲁南人心中，煎饼永远是一张张如同纸片的朴素主食，记录着千滋百味的生活。谷麦研磨过程中加入水，制得面糊，平摊加热成型。煎饼贮存期长、易携带、可以包裹一切食材，使得这种味道无奇的主食享有绵长的生命力。

元代出现了类似煎饼馃子的食物，配置更胜过现代的煎饼馃子。

羊肉切片沸水略焯，羊脂切小块，生姜末、橘皮丝、杏仁、盐、葱白剁馅儿，再加入笋干，卷进煎饼，两头面糊粘封，油煎至微微焦色，佐五辣醋（五味辛辣食材调和的醋）。

摊薄煎饼，核桃仁、松仁、桃仁、榛子、嫩莲肉、柿干、熟藕、银杏、熟栗子、芭榄仁，切碎，浇上厚厚的蜜糖，加碎羊肉、姜末、盐、葱，调成馅儿，卷进煎饼，油炸到两面焦黄。

浓香的坚果，鲜嫩的羊肉，酥脆的外皮，曾经陶醉着无数食客，这是煎饼的变种——"青卷"。从所用食材搭配和烹饪方式来看，即使列入今天点心的行列，也是极具竞争力的美食。

元朝人有一套烤羊肉的规则，羊的每个部位烤法不同。

羊前腿：先煮熟，再烤。

肋排：生烤。

黄羊肉：煮熟了烤。

苦肠（小肠的一部分）、蹄、肝、腰子、脊肉（里脊肉）：生烤。

羊耳、羊舌、黄鼠、沙鼠、土拨鼠：生烤。（蒙古人偏居漠北，尚未南下中原时，肉食种类比较单一，土拨鼠是牛、羊之外，食用肉类的重要来源。）

全身羊（去了内脏的全羊）：挂炉烤。

一份成功的烤羊肉离不开构筑复合口感的佐料，油、盐、酱、大料、酒、醋等调配成蘸料，随着烤肉翻动，均匀涂拭。

早在唐代，火腿很可能就已出现。元朝的金华火腿已经驰名天下，元末明初饮食专著《易牙遗意》详录了当时的火腿制法。

新宰的猪，取四条腿，趁肉体尚温，按照肉与盐十比一的比例，用盐均匀涂抹。手工按摩揉搓至肉质绵软，令肉的纤维充分吸收盐分。以石头压在竹栅上，在

缸里放足二十天，其间要翻动三到五次，以保证进一步
腌制。二十天后取出挂起，点燃稻草烟熏，熏制过程通
常持续一整日。

中国人爱吃"动物下水"，如今吃动物下水吃得讲究，各大
菜系均不乏代表作。元朝时吃得那叫生猛粗暴，人们直接生吃。

生肺：獐肺最好，兔或山羊次之。若没有趁手的器
具，就用嘴巴呷尽血水，使肺如玉片。经过冰镇，韭
菜、蒜泥、奶酪、生姜、盐调汁倒进冰镇肺里，端上筵
席，切块分食。

在当时，这道血淋淋的生肺可是难得一尝的大菜。

琉璃肺：阉割了的公羊（羯羊）肺，同样是生食。
调味汁换成杏泥、生姜汁、酥、蜜、薄荷叶汁、乳酪、
酒、熟油，灌满冰镇的肺。

想想看，你从冰箱拿出一块冷冻成冰疙瘩的羊肺，哆哆嗦嗦
地蘸着薄荷吃，还得喝酒……浓烈的膻味，冰爽的口感，这哪是
吃饭，简直是上刑……咱们还是吃熟的吧！

聚八仙：冷盘。熟鸡肉切丝，衬肠（猪小肠）焯熟
剪成细丝，如果没有的话，熟羊肚丝也可以，还有熟虾
肉、熟羊百叶丝、熟羊舌切片、生菜、油、盐揉糟姜

丝、熟笋丝、藕丝、香菜、芫荽摆盘。浇醋，或浇芥辣（芥菜的辣汁）或蒜泥。

见识一下元代的小资零食——烤大腰子。

炙羊腰：羊腰子一对，浸以加盐的玫瑰汁腌渍片刻，蘸藏红花汁液烤熟。没有孜然，没有辣椒，没有胡椒，用的是玫瑰汁、藏红花汁。

熬粥放羊肉，然而烤腰子却又清新雅致……

姜黄腱子：豆粉、面、番红花和栀子以盐、调料制作的面糊，羊腿肉和肋排挂糊油炸。

鼓儿签子：五斤羊肉切碎，一个羊尾切碎，十五个鸡蛋，两钱生姜，二两葱切碎，去白的陈皮两钱，其他大料三钱，一斤豆粉，一斤面，一钱番红花，三钱栀子。所有材料和匀，塞进羊肠煮熟，切段。番红花和栀子泡水取汁，同豆粉、面调成糊，裹羊肠油炸。形状似鼓，是故得名鼓儿签。

这一时期，水族的烹饪也翻新了花样。

江浙一带做酱蟹：

取雌蟹百枚，洗净控干，肚脐塞满盐，肚皮朝天放入容器。二斤酱，加一两椒末、一斗好酒，浇在蟹上，浸没密封，天气冷时，大约二十天即成。

吃蚶子从来与烦琐的工序无关。古人不提倡过度加工水产，往往生食，保护其天然风味。江南流行的吃法是：

热一壶酒，撬开蚶子壳，滚烫的烈酒浇落蚶肉，便无须再配任何佐料。

今天很多地方吃蚶子还是保留类似的习惯，热水烫过即吃，别具一番鲜味。

汆青虾同样如此：

青虾去头，留尾，虾尾上纵切一刀，使稍连而不断，用葱、花椒、盐、酒腌制。虾头则留，捣碎熬汤，滤去渣滓。虾肉入汤稍汆杀菌，不需等汆熟，取出佐笋片和糟姜片同食。

在保证食用安全的基础上，最大限度地保留虾的本味，笋的清爽，姜的辛辣，虾的鲜美，相得益彰。

鱼和羊肉的搭配从来都是经典，嗜羊的元人更擅此道，他们在炸鱼丸里用到了羊肉。

元代的鱼弹：

十尾大鲤鱼去皮剔刺，剁掉头尾；羊尾两个；一两

生姜切碎；二两葱切碎；三钱陈皮末；一两胡椒末；两钱阿魏。鱼和羊尾剁烂成泥，姜末、葱花、陈皮末、胡椒粉、阿魏和肉酱拌匀，挼搓丸子，油炸。

而臊子蛤蜊仿佛令人见识到旅居江南的陕西厨师的创意：

猪肉肥瘦各半，剁小丁，用酒煮到半熟盛起，加酱、花椒、缩砂仁、葱白、盐、醋调匀，绿豆粉勾芡，再煮，汤一开就盛出来。蛤蜊煮熟，去壳取肉，盛满一大碗，浇臊子。

古来车马很慢，有时离乡就是永诀，江左风物迥异秦川，不知道发明这道菜的厨师是否从浓墨重彩的臊子味道里找回了梦里的黄土高原。

归隐江湖的食物

今天食物之丰富远超历史上任何时期。照理说，古人能吃到的东西，今人也能吃到。除非法律禁止，或者该物种灭绝，否则老饕就是上穷碧落，掘地三尺，也不会放弃任何一种美食。但是，当驯化家畜取代了野兽，栽培作物取代了野菜时，有一些古代餐桌常客"功成不受爵，长揖归田庐"，确然淡出食谱，越来越少见了。

菰米，也叫作"雕胡米"，是水生植物"菰"的种子，主要分布在温暖的长江中下游水域。作为食物，菰米的命运很悲惨，它们并没有真的灭绝，而是被人为"绝迹"了。

历史上，菰米曾经风光无限，它的籽实煮饭，米粒甘滑，气味芬芳，古人诗赋赞不绝口。

《楚辞·大招》："设菰粱只。"宋玉《讽赋》："炊雕胡之饭。"曹植《七启》："芳菰精稗。"李白《宿五松山下荀媪家》："跪进雕胡饭，月光明素盘。"杜甫《江阁卧病走笔寄呈崔、卢两侍御》："滑忆雕胡饭，香闻锦带羹。"

周天子的固定食单上也列着一份菰米、蜗牛酱和野鸡羹的套餐。菰米采收于霜降之后，可以补充冬粮，一度同稻、黍、稷、麦、菽这五谷地位相差无几，是主食界的超级巨星。之所以被人类抛弃，要从它的一次生病说起。

西周时期，一个偶然的机会，栽培菰的农人发现，菰染上黑粉菌时（后者分泌的吲哚乙酸会刺激植株发生病变），菰的茎部膨大，变成一种美食——茭白。作为代价，菰无法抽穗结实，产出菰米了。

也就是说，吃货面临一个抉择：在菰米和茭白之间只能二选一。

到了唐宋，水稻、小麦的产量越来越高，采收不方便、产量有限的菰米无法适应人口增长的需要，地位不保，种植者更倾向选择培育茭白，放弃菰米。

今天市面上偶尔还能见到菰米，可是高昂的价格使之完全变成了"尝一尝图个新鲜"的存在。

《诗经》中的第一首诗《关雎》，想必大家都不陌生。

关关雎鸠，在河之洲。窈窕淑女，君子好逑。

参差荇菜，左右流之。窈窕淑女，寤寐求之。

求之不得，寤寐思服。悠哉悠哉，辗转反侧。

参差荇菜，左右采之。窈窕淑女，琴瑟友之。

参差荇菜，左右芼之。窈窕淑女，钟鼓乐之。

通常认为这首诗是一首描写男女恋爱的情歌，而其中令"君子"日思夜想、魂牵梦绕的姑娘之所以出现在河边，就是为了寻找荇菜。

如今，荇菜是相当寻常的水生植物。池塘、水渠中常见一种漂浮在水面的绿色圆叶，即是此物，当然，几乎没有人再把它当成食材。

但在黄瓜、番茄、茄子、洋葱等尚未传入，蔬菜资源欠丰富、种植技术比较原始的先秦时期，清脆爽口的荇菜为许多家庭的餐桌提供了一个食用选择。

《关雎》中的女主角无疑经常采食荇菜，给了小伙子搭讪的机会，或许就此促成了一段姻缘。

而古往今来，由荇菜引出的这则"窈窕淑女，君子好逑"的诗篇又不知成就了多少美好的爱情。

说到堇，熟悉希腊历史的朋友可能会想到苏格拉底，据他的弟子柏拉图记录，这位伟大的希腊哲学家正是喝下毒堇汁液，全身麻痹，四肢抽搐，最后心脏衰竭而死。

如此说来，这不是剧毒吗？咱们的祖先将其拿来当蔬菜吃？

当然不是，吃货归吃货，又不是百毒不侵。

现代研究指出，毒死苏格拉底的植物并非堇菜，真正的杀人凶手应该翻译为"毒芹"或"毒参"。

堇菜之所以被扣上杀人的黑锅，原因之一是"树大招风"，堇菜属成员太多，全世界的堇菜超过五百种，仅中国就分布着一百二十余种，难免其中一些种类含有毒性，被张冠李戴污蔑为杀人凶手。这种情况有点类似《天龙八部》的慕容世家，因为博通天下武学，江湖上一旦出了凶杀案，总会惹人怀疑。

对于真正的吃货而言，判断一种植物是否能吃的标准，不是营养，不是口感，而是有没有毒，以及毒性大不大。

所以，澄清了杀人罪名，我们来看看堇菜在美食史上的应用。

中国古代科举考试，有几本书几乎是必考的，中国人称为四书五经。其中，《礼记》就是"五经"之一。在这部读书人必读的教科书上，记载着一份平民家子女孝敬父母公婆的食物标准：

（事父母姑舅）饘酏、酒醴、芼羹、菽麦、蕡稻、黍粱、秫唯所欲，枣、栗、饴、蜜以甘之，堇、荁、枌、榆、免、槁、薧滫以滑之，脂膏以膏之。

堇菜赫然在列。也就是说，至少在《礼记》成书时的西汉，种类多、分布广的堇菜就是百姓餐桌上最常见的蔬菜之一了。

与绝大多数沦为野菜的植物一样，在大小白菜成功培育并广泛种植，以及茄子、番茄、黄瓜、洋葱等蔬菜传入后，堇菜的食用价值便江河日下，后来渐渐被世人遗忘，沦为野草。

今天，堇菜依然在城市的公园草坪、道路两旁、任何土壤裸露之处默默地开花、生长着，车水马龙，行影匆匆，早已无人注意这些不起眼的孤芳了。

食材界也存在"鸠占鹊巢"的事情。

比如，葵。

今天，"葵"字多用作向日葵、葵花籽的简称。

前文中已经提到，向日葵是明代中后期才从美洲传入中国的舶来品。至今，中国种植向日葵的时间不过四百多年而已。

那么在此之前，葵是指什么？

葵菜之称始见《诗经·豳风·七月》中的"七月亨葵及菽"，意思是七月采食葵菜和大豆。《齐民要术》第三卷（蔬菜卷）开篇就讲种植葵，推葵为蔬菜之首，足见其重要性。与《齐民要术》相提并论的另一部农学专著，元代的《王祯农书》给了葵更高的评价——百菜之主，蔬菜界的龙头老大！

他们说的葵就是"葵菜"，民间也称"冬葵""冬苋菜""冬寒菜"。看到后面三个名字，尝过此味的朋友唇舌间可能已经回忆起那份纵享丝滑的愉悦。

相较荇菜和堇菜，今人对葵菜的味道不算特别陌生，尤其在一些南方地区，游遍十里菜场，还是有机会买到葵菜的。让几百年前的蔬菜之王重新回到餐厅吊灯下、杯盏欢声中，热气和香气弥漫的餐桌，享受咀嚼和赞美，那是葵菜熟悉的舞台。

汉乐府有一首《十五从军征》，写十五岁的少年拜别父母，从军离乡。待他归来，已是白发苍苍，年逾八十的老翁。他颤颤巍巍地舂谷做饭、采葵为羹，张罗了一席饭菜。可是，等他吃团圆饭的人不知执着地等了多少年后，终究熬不过时间，早已不在了。

少年一别，便是永诀。

这是无数征人家庭的写照，葵菜也曾在过去数千年里，相伴无数家庭，是他们下饭必备的蔬菜。

葵菜的古今吃法一脉相承，除了腌制，因其口感爽滑，特别适合煲汤、熬粥和做羹。

煮熟沥干的葵菜茎、叶摆盘候凉，上堆鸡丝、羊肉、羊舌、羊肚丝、羊腰子、姜丝、笋丝、黄瓜丝、蘑

菇丝，浇以五味调和的肉汁加蓼实。

这就是南宋时期女真族的"厮剌葵菜冷羹"。

小时候砸缸、长大做了宰相的司马光写过一句诗："更无柳絮因风起，惟有葵花向日倾。"这句话是说，柳絮随风乱飞，摇摆无主见，葵花一心向日，忠心耿耿。

古人认为葵菜叶子能根据太阳的位置而变换角度，避免根部遭到阳光直射。司马光把自己比作葵菜，坚定不移地跟着太阳走——太阳自然就是皇帝了，所以葵菜也成了忠心的象征。

到明朝中后期，一种原产美洲的植物传入中国，该植物的花盘也能随太阳而转动，沾葵菜的光，得到"向日葵"之名。实际上，向日葵与"葵"没有半点关系，它甚至不是葵科植物，最初引入中国也不是作为食材，而是用来观赏的。

葵菜的没落在很大程度上是今天可选择蔬菜种类越来越多造成的。当然了，风水轮流转，葵菜并没有也不会彻底消亡，它的一位远亲——原产自南亚的秋葵正悄然兴起，以"葵菜"之名卷土重来，延续葵科家族的荣耀。

西晋末年，秋。

京都洛阳城，一个中年人轻裘缓带，背负双手，昂然伫立风中，望着萧萧落木和南归的大雁，不停地吞咽口水。

他受当朝权臣齐王司马冏之邀，离开故乡苏州，北上京城任职，负责考核、任命中央机关高级官员，权力既重，备受百官敬畏，正是人生得意之际，可是此时此刻，他却闷闷不乐。

因为他想起了家乡的茭白、莼菜和鲈鱼。当时物流不发达，洛阳城里根本吃不到这些美味。

明天你是否会想起，母亲做的鲈鱼。明天你是否还惦记，曾经最爱吃的你。

口水流满衣襟，泪水也湿润了眼眶。决定了！结束北漂生涯，辞职回家！

他辞去位尊权重的肥缺，在同僚、朋友们的诧异和不解中，回到故乡那片鱼塘，从此与莼菜、鲈鱼羹相伴。

此人就是西晋文学家张翰，他为美食断然抛却禄位的潇洒，世人赞作"莼鲈之思"，传为千古佳话。

张翰辞职几年后，老领导齐王司马冏参与"八王之乱"，兵败被杀，株连同党达两千余人，张翰因早早置身事外，被认定与叛乱无关，在这场大动荡中幸免于难。

莼鲈之思是乡情，也是中国古人"世无可抵则深隐以待时"的处世哲学。

生长在水里的莼菜口感鲜滑，比之葵菜更胜一筹，难怪令张翰这般欲罢不能。夏秋时节采摘莼菜，与金华火腿丝、鸡脯肉搭配，清爽嫩绿的精灵，红黄相间的鲜香简单相遇，完美交融，成就了一道经典的"西湖莼菜汤"。

与荇菜、堇菜和葵菜的情况不同，如今，莼菜从人们的餐桌上消失是因为它太过稀缺。

莼菜生长对水质的要求极其严格，人类文明进入工业时代，环境对莼菜的生长越来越不利，野生莼菜几近消失，当前已列入《国家重点保护野生植物名录》，保护级别达到一级。

植物于环境何尝不是"无道则隐，有道则仕"？

薤，也叫作"薤白"，地下鳞茎可食。它的亚种藠[jiào]头（荞头）是令人疯狂的美味，腌制、炒肉、佐鱼无不合宜。用藠头炒肉，即使一些喜欢吃肉的食客，也会忍不住把炒肉晾在一旁，优先吃光藠头。

假如把四川、湖南一带的"腌藠头"拿给北方人看，很大概率将被误认成糖蒜。藠头和薤白的外形、味道都与大蒜有几分相像。外形上，藠头像是"一瓣蒜"，薤白则像"一头蒜"；薤白口感偏重，吃法偏于腌制，藠头是百搭款，明显更受欢迎。

中国人食用薤类植物的历史悠久，《黄帝内经》列举当时蔬菜界五大天王分别是葵、韭、藿、薤、葱。而今，除了韭菜和葱，剩下三位曾经陪伴中国人的常见蔬菜已经散落在天涯。

一种食材要想保持其江湖地位，最重要的是保证产量、营养和味道，好在藠头的味道确具独到之处。

堇菜篇提到的那部先秦时期的"儿媳与公婆相处指南"——《礼记·内则》为不会做饭的新婚姑娘提供了一份详尽的食物搭配方案，其中建议用薤类植物改善动物油脂的异味：脂用葱，膏用薤。煮或者蒸的肥油拌葱，肥肉拌薤。

考虑到先秦普通百姓家庭烹饪条件简陋、食材稀缺，纵然有神奇的藠头在手，也很难搭配出什么精彩的味道。而今人就不同了：

腌藠头，用醋则酸甜，加辣椒则酸辣，又或者你喜欢糖醋也未尝不可，几粒入口，胃口全开，不觉便吞下一大碗米饭。

酸辣藠头鱼，鲜藠头或者直接用腌好的藠头，泡椒或朝天椒，在高温油脂的作用下释放浓烈的辛香，不仅中和腥气，且充分渗入鱼肉。食材间相互作用产生的魔法，赋予一锅淡水鱼层次分明的味道。

当然，最经典的还是藠头炒肉，无论是炒腊肉、回锅肉，还是扣肉，藠头具有将平凡演绎成华彩的本领，从来是极好的下酒菜。

最后，友情提醒，藠头虽好，不要贪吃。藠头刺激肠胃，多见过量食用后"排气量"陡增的现象。尤其谈生意前，或者同心仪对象约会时更要慎重，毕竟生活中，美食可以常有，但有些机会不可轻易错失。

芡实，别名"鸡头米"，是一种睡莲科植物的种子，当它探出水面、含苞待放时，远远望去如同鸡头。

成熟时节举目所见，水面上片片莲叶，颗颗鸡头，奇异壮观。泛舟其间，近距离观察，会发现鸡头生满尖刺，令采花者束手。打开米苞，剥除外壳，一粒粒温润如玉丸的珠子呈现眼前，不得不赞叹这种植物外表强悍，内心柔软。

中餐烹饪，一种常见的工艺叫作"勾芡"，也就是浇淀粉糊，使菜肴汤汁浓稠。明代以前，厨子手里没有土豆，没有番薯，要获取淀粉，多从山药、茯苓、藕或者芡实中制取，芡实正是因为富含淀粉，所以得了这么一个名字。

古籍所见芡实入馔多为熬粥，或者点缀某些复合食物，比如，《居家事类必用全集》烹饪部分介绍的"荷莲兜子"。粉皮裹着各色馅料，上甑蒸熟，晶莹剔透。去芯的莲子肉、香糯的芡实、核桃仁、杨梅仁、金黄的乳饼，还有新采的蘑菇、木耳。制作荷莲兜子不需要什么稀有特殊的食材，咬下去，闭上眼睛，舌尖上那一派自然纯朴的清新仿佛"小楫轻舟，梦入芙蓉浦"的江南水乡。

吃芡实要趁新鲜。

芡实外壳坚硬，不借助工具很难剥除，因此市面上难得见到带壳的芡实。离壳后，芡实迅速硬化，变得难以熬煮，这也让一些贪食而手懒的顾客望而却步。而浸水泡发和蒸食可以解决这一问题，但水泡不易掌握时间，蒸食则意味着放弃了芡实韧弹的口感。

现代淀粉的主要来源被土豆、番薯、玉米这些高产作物占据，芡实早已失去淀粉界的话语权。

不过，一碗简简单单的糖水鸡头米仍是苏州人的最爱。新鲜芡实煮几分钟，撒入白糖放凉，便是苏州夏日的味道。

中餐向来擅长激发和完美混合各种食材的味道。

丝绸之路开通前，中餐味道远不及今天这般丰富，当时厨师们可选择的调味料实在有限，诸如梅子和橘子皮都被用来改善食物的味道。

公元前115年的一天，长安城一片欢腾。

上至公卿，下至庶民，夹道欢迎一位海归回国，此人以一己之力改变了中国人的食物结构。他就是海外代购开创者，大汉中郎将，杰出的外交家、探险家、旅行家、食神——博望侯张骞。

同僚们围着张骞的车队，争相品尝和点评他带回来的新式食材。

有人涕泪交流。

真的有这么好吃？大家很好奇，是什么样的美味能让当朝大臣感动得哭泣？

"是大蒜。"张骞徐徐说道，"他是被辣哭的。"

张骞此行带回了两种重要调味品——口感雄壮威猛的大蒜，以及妖娆邪异的芫荽（香菜）。

中国人吃香菜吃了两千多年，还是没能完全接受它奇诡的味道。

香菜口碑褒贬不一，但不曾影响商人们载着更多调味品来中国贩卖的脚步。

最初，许多调味品作为香料进口，所谓香料，功用类似空气清新剂及香水，不同香料的用法不同，燃香、沐浴，或者做成香囊佩戴。总之，香料是提升生活品质的奢侈品。

商人们听闻中国富庶，便纷纷拥入这个神秘的国度，操着不流利的长安话向中国买家介绍自家香料的种种优点。买家似乎被打动了，买了一大包，回到家，顺手交给厨子："这么香的东西，做菜用吧。"

画风好像与外国商人们想象的不太一样。

各时期传入中国的调味料，包括茴香、荜菝、莳萝、阿魏、孜然，以及砂仁。

砂仁是宋元时期极其常见的调味品，在当时各种食经中出场率极高，我们随便举个例子，比如宋朝一道炒肉是这样做的：

精瘦肉批成极细极薄的肉片，浸在酱油里入味。锅烧到炽热，肉片下锅爆炒，炒白即起锅。

此时肉片经加热成型，切作肉丝，加酱瓜、糟萝卜、大蒜、缩砂仁、草果、花椒、橘皮丝、香油拌匀。再下锅略炒，起锅，浇醋或者蘸醋吃。

虽然今天砂仁也会用于煲汤炖肉，但更常见的身份已经从佐料变成了药物。

天下没有不散的筵席，食物也是一样。

食物的坚守、流转、嬗变与淡出，跟随着人类文明进步的节拍。

当更好的替代方案出现时，原有食材难免遭受冲击，渐渐被时间剥离生活，遁入江湖山野，重新回到不为人知的原始世界，继续生长、枯荣。

淡出不是终结，而是返璞归真。那些味道离我们很远，也很近。史书上，回忆里，它们一直都在。

第二部分

给朕颠勺

周天子的黑暗料理
与"八珍"之变

时间回到两千五百年前的周王朝。

在这里，我们将见到庞大的御膳系统。

周王室后厨团队超过两千两百人，分工极为细致。例如，至少有五十七人专门负责煮肉的时候添水以及盯着柴火，有专门负责外出打猎的猎手部门、负责天子在外面吃饭的部门、负责天子在家吃饭的部门、做点心的部门、捕鱼的部门、腌咸菜的部门、做酱料的部门、制作肉干的部门、提供坚果零食的部门……

单单一个负责抓乌龟、捡蛤蜊的部门，职员就多达二十四人，每天他们的日常工作就是提着小篮子蹦蹦跳跳地去小溪边捡蛤蜊……

《礼记》说："夫礼之初，始诸饮食。"《尚书·洪范》八政，食为政首。"礼"的形成与饮食密切相关。天子饮膳更是礼仪典范、天下观瞻所系，涉及政治、社会、精神思想等层面，必须遵循严格的规程，一步都错不得。

《礼记·玉藻》介绍周天子吃饭的规矩："朝服以食，特牲三俎祭肺，夕深衣，祭牢肉，朔月少牢，五俎四簋。"每天早上、下午吃两顿饭，中午，天子饿了，想要加餐，空有一支两千多人的后厨团队，也不敢乱了规矩再做一顿，只能把早上的剩饭热一热奉上御前。吃饭时有专门的音乐，就算天子听得想吐，也不允许随意切换歌单。有吃饭专用的衣服，早饭穿朝服，晚饭穿深衣。吃饭前还要先祭祀。

掌管这后厨团队的大总管，则称为"太宰"。如此庞大的团队、烦琐的规矩都由太宰执掌，而他的权力也就由内宫延伸到了外朝，从管理天子家事扩大到掌邦治、统百官、均四海，从管家演变为行政长官，成了后世的"宰相"。

所以说，三百六十行，行行出状元，谁说厨师没前途？大权在握，位极人臣，总掌朝廷机要，影响一国盛衰。

由厨入政，最著名者非伊尹莫属。伊尹所处的时代正值夏朝末世，国君夏桀荒淫残暴，搞得天怒人怨，万民离心，所有人都想颠覆这个黑暗的政权，独缺一个带头人。

成汤是中原腹地一个叫作"商"族的部落首领，素来精明强干。这天，他的部落来了一个背着大鼎砧板的人应聘厨师长，此人就是伊尹。

当时厨师地位很高，是可以直接接触到君王、首领的心腹之人。成汤不敢疏忽，亲自面试，惊喜地发现伊尹不仅烧得一手佳肴，而且胸中自有丘壑，实有经天纬地之才。于是另眼相待，委以重任。

据《吕氏春秋·本味篇》记载，伊尹在成汤面前侃侃而谈，论述天下至味、施政之道，列举了一份详赡的食单，其中包括——

肉食之美者：猩猩之唇，獾獾之炙，儁燕之翠，述荡之腕，旄象之约。流沙之西，丹山之南，有凤之丸，沃民所食。

猩唇、烤獾鸟、牦牛尾、象鼻、凤凰蛋都是稀奇古怪的食材，估计成汤一样都没有吃过，直听得食指大动。

鱼之美者：洞庭之鳟，东海之鲕。醴水之鱼，名曰朱鳖，六足，有珠百碧。藋水之鱼，名曰鳐，其状若鲤而有翼，常从西海夜飞，游于东海。

洞庭湖的江豚，东海的鱼子酱，能口吐碧色宝珠的六足鳖，还有会飞的鳐鱼。您见过会飞的鱼吗？想不想吃？

鳐鱼胸鳍宽大，如同翅膀，所以古人以为这种鱼会飞。伊尹更是极尽夸张，说鳐鱼能从西海飞到东海。可是成汤不明真相，不停地点头！

除了有肉有鱼，还有数不清的佐料、主食和水果——

和之美者：阳朴之姜；招摇之桂；越骆之菌；鳣鲔之醢；大夏之盐；宰揭之露，其色如玉；长泽之卵。

饭之美者：玄山之禾，不周之粟，阳山之穄，南海之秬。

果之美者：沙棠之实；常山之北，投渊之上，有百果焉；群帝所食；箕山之东，青鸟之所，有甘栌焉；江浦之橘；云梦之柚；汉上石耳。

伊尹为成汤描绘了一个离奇新异的美食世界，成汤再也忍耐不住，问："我可以吃到这些吗？"

伊尹说："不行，这些食材都在您的领地之外，现在的您什么也吃不到。今夏桀无道，不如起兵推翻他，夺了江山，到时候，天下一切美食就都是您的了。"

公元前1600年左右，成汤伐夏，鸣条一战，击溃夏军主力部队，夏王朝灭亡。成汤做了殷商开国君王，拜伊尹为相。伊尹由厨入政，以天下为厨房，从五味调和到阴阳燮理，自庖厨间领悟治国之道，王佐辅弼，兴商六百年，为后世人臣的榜样。

当然，伊尹列举的食材很多只存在于传说中，不能作为当时君王饮食研究的参考。《周礼》和《礼记》关于周天子饮馔的记载要权威许多。

概括而言，周天子的饮食膳单："凡王之馈，食用六谷，膳用六牲，饮用六清，羞用百二十品，珍用八物，酱用百有二十物。"

主食六谷：稻、黍、稷（粟）、粱、麦、苽（雕胡米）。

古人造字，"精""粹"二字皆指向天子献米的标准。《说文》：“精，择也。”挑拣出来的好米质地晶莹剔透，犹如青玉，此谓之“精”；“粹”字，从米，从卒，卒就是“完毕”，挑到无可挑剔的好米，谓之“粹”。

可见天子一粒一食千挑万选。而如今，“精粹”一词优中选优的意思也被继承了下来。所以孔圣说“食不厌精”，不要排斥把时间花在做饭上，虽然时间很奢侈，但是用来享受美食还是值得的。

肉食六牲：牛、马、羊、豕、犬、鸡。

本着尊崇古制、敬仰神明的原则，通常这六种肉食未加调味。白水煮出来就上桌，可想而知其难吃程度，所以需要蘸酱。

酱料多达一百二十种，是常用的佐餐调料。彼时之酱并非后世专门发酵的豆酱，而是多数由食材剁烂，调以盐曲，略加发酵。周王室设有专事制酱的职位，称作"醢人"。

《周礼·天官冢宰》中记载——

醢人掌四豆之实。朝事之豆，其实韭菹、醓 [tǎn] 醢、昌本、麋 [mí] 臡 [ní]、菁菹、鹿臡、茆 [máo] 菹、麋臡。馈食之豆，其实葵菹、蠃醢，脾析、蠯醢、蜃、蚳醢，豚拍、鱼醢。加豆之实，芹菹、兔醢，深蒲、醓醢，箈 [tái] 菹、雁醢，笋菹、鱼醢。羞豆之食，酏食、糁食。

来看看上面罗列的一大堆酱料（包括咸菜）都是一些什么。

韭菹：腌韭菜。

醓醢：有汁的肉酱。

昌本：菖蒲根切段腌制。

麋臡：带骨头的麋肉酱。

菁菹：酸或腌芜菁（大头菜）。

茆菹：酸莼菜。

麕臡：带骨头的獐肉酱。

葵菹：酸葵菜。

蠃醢：田螺肉酱。

脾析：碎切牛百叶（牛胃）。

蠯醢：蚌肉酱。

豚拍：小猪仔肩胛肉酱。

蚳醢：蚂蚁卵酱。

芹菹：水芹酸菜。

深蒲：蒲的嫩叶未出水时采摘做的咸菜。

箈菹：酸腌青苔，或说是一种腌竹笋。

是不是有一种"这都是些什么乱七八糟"的感觉？

那么这些黑暗料理怎么吃呢？来看《礼记·内则》介绍的几种限量版天子套餐。

"腶 [duàn] 修，蚳醢。"捣碎加以姜桂的干肉，拌蚂蚁卵酱。

"蜗醢而菰食，雉羹。"螺酱（或捣烂的蜗牛），搭配雕胡米，以及野鸡肉汤。有肉，有饭，有汤，搭配合理，极具特色。

羹是古代常见的食物之一，通常是肉类（仅限贵族）、蔬菜、谷物或者面粉、淀粉混合熬煮的像粥一样的东西。先秦之羹主要分为两大类："大羹"不放任何调味料，用来祭祀祖先，以示不忘根本，最严肃正式，所谓"大羹不和"，正是指此；"和羹"讲究五味调和，是真正给人类吃的食品。

醢和菹有延长食物贮存期限的作用，不过，虽然先秦已经出现腌制食物，但更常用的保质方式还是晒干成脯。通常肉脯会成批量保存在库房，供待客、日常膳食。

《左传·僖公三十三年》中有一则小故事："郑穆公使视客馆，则束载、厉兵、秣马矣。使皇武子辞焉，曰：吾子淹久于敝邑，唯是脯资饩牵竭矣。"

秦穆公遣杞子、逢孙和杨孙赴郑国打探形势，做出兵准备。郑穆公洞悉秦人之谋，派人去宾馆察看，见此三人已经装好了行李，磨好了兵器，喂饱了马匹，完全是备战状态。郑国礼宾官奚落道："三位大人在此耽留久矣，敝国的肉干、粮米、牲口都被三位吃完了，现在也该走了吧！"

历代帝王多少各有所嗜，而周天子就算有自己的嗜好，也无法逾越菜单限制，像南北朝的宋明帝那样捧着蜜渍鱼肠狂吞滥啖，更不可能效仿宋朝皇帝，传谕从街市上叫外卖进宫解馋。

好在周天子可选的不止肉干蘸蚂蚁卵和捣烂的蜗牛，他的"羞用百二十品"由一百二十种经过精心调味的菜肴和糕点组成，与号称"八珍"的八道"硬菜"才是天子食单的美味所在。因此，"珍馐"二字变成了中国人对一切美食的概括。

孟子的一句"鱼，我所欲也，熊掌，亦我所欲也"让许多人以为在古代，熊掌和鱼是同样常见的食材。实际上，孟子只是在打比方，古代野生熊虽多，但不至于人人有熊掌可吃。

晋灵公不行君道，残忍好杀，《左传》记录了他因为熊掌而杀人的荒唐故事："晋灵公不君。厚敛以雕墙。从台上弹人，而观其辟丸也。宰夫胹熊蹯不熟，杀之。"

晋灵公高筑楼台，居高临下，手持弹弓射击路人，以看路人闪避狼狈为乐。接下来，他因为一份没有炖熟的熊掌而残忍地杀掉了厨师，足见此人残暴。另外，这段记载向我们揭示了古人是如何处理熊掌的，熊掌味膻，胶质含量高，难熟，所以炖煮是理想的烹制方法。

熊掌常被列入"八珍"，不过先秦八珍并无此物。八珍之名贻垂万世，后人传得神乎其神，俨然奢侈的代名词，其实今天看来，这八珍不过盖浇饭、烤猪烤羊、肉脯一类简陋原始的食物。

《礼记》详述有八珍的做法，整理如下。

淳熬：浓浓的肉酱煎香，浇在旱稻米饭上，再浇一遍油脂。

淳母：与淳熬制法一致，只是将稻米饭换成黍米饭。黍米就是大黄米，也叫糜子。

炮豚：乳猪掏除内脏，腹腔填满大枣，外用芦苇缠裹乳猪，涂一层带草的泥，架在猛火上烧，是为"炮"。炮毕，剥去烧干的泥巴，揉搓掉烧制时猪体表面形成的皱皮，稻米粉调制成糊，涂遍乳猪全身（类似今天的挂糊）。再投入盛有动物油的小鼎，并保证油没过猪身。将小鼎放入盛水的大锅中，熬上三天三夜，捞出乳猪，佐肉酱、醋等进食。这道菜似可视为八宝鸭等酿菜的先驱。而先过油再炖/煲的步骤仍驻足现代烹饪。

炮牂 [zāng]：乳猪换成羊羔，制法同上。

捣珍：牛、羊、麋鹿、鹿、獐等动物的里脊肉经反复捶打，除去肉中的筋腱。烹熟之后，取出揉成肉泥。

渍：选用刚刚宰杀的新鲜牛肉，切成薄片，在酒里浸泡一整夜，在肉酱、梅酱、醋等调配的混合蘸料里蘸食。

熬：肉脯的一种。牛肉或鹿肉、麋肉、獐肉经过捶打，除去皮膜，摊开在苇荻篾上。撒以姜末、桂皮粉和盐，小火慢慢烘干而成。

肝膋 [liáo]：狗肝一副，用狗肠脂肪包起来烤熟，使脂肪渗入肝内，米粉糊润泽。另取狼胸油切碎，与稻米合制成稠粥，一起食用。

这八道菜置诸西周，的确不负"八珍"之誉。而放到魏晋隋唐，恐怕"珍"的成色就要大打折扣。随着烹饪技法的进步，先秦八珍的光芒日益黯淡，越来越难以勾动后来食客的馋念。于是失望的食客们比照古制，创造出了新的八珍系列。

耶律楚材之子耶律铸所写的《双溪醉隐集》中记有一组八珍，名为"行厨八珍"，也叫作"行帐八珍"："往在宜都，客有请述'行帐八珍'之说，则此'行厨八珍'也。一曰醍醐，二曰麞 [zhù] 沆 [hàng]，三曰驼蹄羹，四曰驼鹿唇，五曰驼乳糜，六曰天鹅炙，七曰紫玉浆，八曰玄玉浆。"

"行帐"是指行军或出游时的驻地，宜都即今湖北宜都。耶律铸早年曾随元宪宗蒙哥——《神雕侠侣》中被杨过打死的那位大汗——南下征宋，"行帐"大约即以蒙哥的行营而言，那么"行帐八珍"就是蒙古大汗御驾亲征之际，御厨所做的八道菜。

蒙古人的珍馔带有鲜明的民族特色，第一道"醍醐"就是乳制品。"醍醐"一词应系异域传入，佛家有云"醍醐灌顶"，比喻获得启发，茅塞顿开。

我们先前谈甜品，言及"滴酥"之"酥"，是为奶油。酥的提取除了"抨酥法"和静置分离，还可以加热乳汁，待其冷却，揭去上层凝结的奶皮晾干，此亦为酥。这种酥卷入水果、坚果粒切段，叫作奶卷，慈禧太后的独子——清穆宗同治皇帝最喜此物。

将酥再度加热，或者搅打，分散在奶油中的脂肪球破裂，其中包含的脂肪溢出，相互黏结起来，形成一种固态的东西，中国古籍称之为"生酥"，现代人称之为"黄油"。生酥再度加热，进一步脱水，得到"熟酥"，也呈固态，但熟酥中央部分会有一小块保留着液体状态。

这经过重重加热、提取，最后所得的些微液体就是醍醐。整个提炼过程如芙蓉绽放，层层分剥，最后吐出花蕊所藏明珠，可谓精华中的精华。

《大般涅槃经》总结道："从牛出乳，从乳出酪，从酪出生酥，从生酥出熟酥，从熟酥出醍醐，醍醐最上。"醍醐提炼繁复费时，所得亦寡，"一斛酪升余酥"，十份酪出一份奶油。唐代《新修本草》："醍醐，生酥中，此酥之精液也。好酥一石，有三四升醍醐。"一百升奶油才提炼得三四升醍醐，那么醍醐与乳酪的得出比才3:1000左右，可想其珍贵程度。

至于大汗吃醍醐是怎么个吃法，是直接吃，还是烤饼，抑或像"醍醐灌顶"浇自己一头，耶律铸未曾详述，我们也就不得而知了。

第二道"膻沆"并非菜肴，乃是极品马奶酒。

西汉与匈奴交战之际，马奶酒便传入了中原，当时叫作"挏[dòng] 马"。"挏"是摇晃、搅动的意思，汉代的酿酒师用牛皮缝一口巨大的皮囊盛装马奶，在其中插入特制的木棒用力搅拌，马奶逐渐发酵变酸，最后搅到生出辣味，奶就变成了酒，饮之可醉。

西汉朝廷专门设有挏马丞、挏马令，带着一支七十二人的酿酒团队，成天关在自己的小工厂里，拿一根木棒搅马奶，搅成酒后，便装车发货，供给皇室膳食和宴飨。这样造出来的马奶酒通常呈不透明的乳白色，味酸且膻气不能尽去，喝粮食酒的中原人乍逢此味，往往很不习惯。

南宋理宗绍定五年（1232），蒙古遣使来宋，约定共同出兵，夹击大限临头的金国，宋理宗派了一个使团回访。使团里有个名叫彭大雅的书状官，将此行见闻整理出一本《黑鞑事略》。书中言道，使团一行抵达蒙古金帐，大汗设宴款待，侍者端上的马奶酒色泽偏黑，清透而味甜，略无一丝膻气，与之前喝过的大不相同。蒙古人介绍说："此时撞之七八日，撞多则愈清，清则气不膻。"连续搅上七八天，方使浊而化清，酸而化甜。

唐朝人颜师古也说，马奶酒越搅越甜，搅动超过万次，香味醇浓甘养，叫作"膻沆"。此等极品马奶酒连一般贵族都喝不起，彭大雅回味无穷地写道，出使期间，就喝过这么一次，应是专供大汗上用。

"麛沆"一词既非汉语，亦非蒙古语，而是来自东伊朗游牧部族"奄蔡"语言。奄蔡也叫作"阿兰"，族人活动于里海沿岸和高加索地区，公元410年，曾协同日耳曼汪达尔人一起洗劫了"永恒之城"罗马。汉唐国势昌大之际，疆域向西、向北扩张，接触和吸收了大量外来文化，马奶酒和奄蔡语"麛沆"可能分别于这两个时期传入了中土。

第三道菜"驼蹄羹"，炖野骆驼蹄子。

在古代传统丝绸之路上，骆驼这种动物的作用相当于越野卡车。载重大，耐力强，广泛适应沙漠、戈壁、雪山等各种难走的地形，安全系数高，而且省油（省饲料），是长程商旅的运输利器。不到万不得已，绝对不会将其宰了吃肉，毕竟做长途贸易的，谁会吃掉自己的卡车呢？

然而，偏偏会遇到许多万不得已。从汉代起，大家就知道骆驼好吃了，而且很清楚最好吃的部位是驼峰和驼蹄，曹操的儿子曹植对此特具发言权。

魏国北接乌桓、鲜卑，西境深入西域，想吃骆驼比较方便。那会儿骆驼金贵得很，有一回曹植弄来一匹，炖了锅驼蹄羹，请"建安七子"的陈琳和刘桢海吃了一顿。这道菜花了曹植"千金"，不过钱没白花，陈琳和刘桢吃得惬心快意，出去逢人便吹，道是在曹植家吃了顿"七宝羹"。后来曹植被曹丕逼着作《七步诗》，生死关头，想起的都是"煮豆"，足见这位千古才子也是一个十足的吃货。

生活优裕闲晏、作风潇洒豁达的高才雅士，精于饮馔之道者历古多有。远者像苏轼、高濂、李渔、袁枚，近者如汪曾祺、梁实秋、高阳，他们视烹饪为艺术，研精覃思，深稽博考，而乐在其中。据说七宝羹就是曹植所创，设或曹植来到宋朝，想必还能多学一手。

宋人吃骆驼蹄子，最喜煮熟酒糟，北宋寇宗奭《本草衍义》中写："骆驼……峰、蹄最精，人多煮熟糟啖。"骆驼蹄子与熊掌一样，筋道胶韧，不易软化，说是煮，毋宁说是煨。宋朝人先用盐将其腌制一宿，次日大火煮至沸腾两次，换文火慢慢煨熟，糟制而食。

但凡提到宋朝美食，苏轼总会像一个定律一样出现，想绕都绕不开。吃骆驼蹄子也有他的份儿，《次韵钱穆父马上寄蒋颖叔二首·其一》：

玉关不用一丸泥，自有长城鸟鼠西。

剩与故人寻土物，腊糟红曲寄驼蹄。

北宋哲宗元祐七年（1092），好友蒋之奇自户部侍郎调任熙州（今甘肃临洮）知府，苏轼和另一个好友钱勰一起给蒋之奇写了一首送别诗。人家钱勰写的是正儿八经的送别诗："春雪京城一尺泥，并鞍还忆蒋征西。碧幢红旆出关去，一路东风送马蹄。"

轮到苏轼作诗了，讲了两句恭维的话，紧接着便口口声声嘱咐蒋之奇给他找点好吃的土特产，最好是弄一副骆驼蹄子寄回来，而且别忘了打包上冬日酿酒的酒糟和红曲，一事不烦二主，如此苏轼就不必另外去觅酒糟，收到快递，直接开箱下厨。

我们东坡先生真的满脑子都是吃。这就好比你的朋友要去新疆工作，你殷殷写了封告别信，信的后半段全在反复致意叮嘱他到了地头寄包羊肉回来，顺便寄点烧烤撒料一样。不知蒋之奇看过此诗后作何感想，初春寒风扑面，想必也免不了一脑门儿冷汗。

靖康之变，江北国土，递次丧失，南宋朝廷连皇室养骆驼的驼坊都开始改养大象。要吃骆驼蹄子，唯有指望进口。士人想望胜国风流，不甘寂寞，于是临安食肆推出一种面制的骆驼蹄子，实际上是一种油煎饼：盐水和面，擀作薄皮，包裹肉馅，包成马蹄样式，用猪油或羊油煎熟。当然，这种东西与蒙哥汗行营特供的驼蹄羹没什么关系。

第四道菜"驼鹿唇"。

第五道菜"驼乳糜"，是骆驼奶粥。

第六道菜"天鹅炙"，显然指烤天鹅。

第七、第八道菜"紫玉浆"和"玄玉浆"，也是奶酒之类。

虽然"行帐八珍"非周天子八珍的一脉所传，但毕竟也是君主玉食，人类能做得出来的东西。而另一组"魔幻八珍"就委实匪夷所思了。

"魔幻八珍"多见通俗小说，据述为：龙肝、凤髓、豹胎、鲤尾、鸮炙、猩唇、熊掌、酥酪蝉。奢华固然奢华，只是神龙肝脏、凤凰骨髓、豹子胎盘、烤猫头鹰这些东西似乎已不属于凡间食物。

烧尾宴

唐中宗李显可能是史上最馋的皇帝，这与他早年的人生经历有关。

李显是幸运的，也是不幸的。说他幸运，是因为命运将他投生在帝王之家，帮他登上了天下至尊之位，而且登上过两次；说他不幸，是因为他这帝王之家的女主人、他的母亲是中国历史上最著名的女皇——武则天。

李显的前半生一直活得战战兢兢，他忘不了十岁那年，长兄皇太子李弘不明不白地猝死东宫，更忘不了才华横溢的二哥李贤被母亲褫夺一切，贬为庶民，惨死西蜀。而他本人只不过因为平庸无能,才幸免于难。可是也在御极加冕仅五十五天后,就被母亲踹下龙椅,逐离长安,软禁长达十四年之久。

十四年间,李显终日提心吊胆,生怕有一天会步两位兄长的后尘,活得毫无希望。史书说他"每闻敕使至,辄惶恐欲自杀",每闻宫里的宣诏使临门,他便恐惧得恨不得自杀。风声鹤唳,几乎到了精神崩溃的地步。如此朝不保夕的生活,苟且偷生而已,焉得心思讲究饮食?

705年,神龙政变,武则天倒台,李显复位。重见天日的唐中宗长舒一口"饿气":终于可以好好地吃饭了!

此时李显年届五十,考虑到当时的人均寿命,就算放开了吃,恐怕也没几年可吃了。好在牙口还不错,为了尽可能多吃点儿花样,他琢磨出一个办法:让大臣们请朕吃饭。

你真好意思啊,皇上!

李显堂而皇之地拟定了一条新规:凡朝臣升迁,需向天子献食,美其名曰"烧尾宴"。

对于"烧尾"二字的由来,历来说法纷纭。一说"虎化为人,惟尾不化,须为烧去,乃得成人";一说典出"鱼跃龙门",传说鱼跃过龙门时,天火坠降烧掉鱼尾,鱼便化成龙身飞去。

李显此举深谙"别人家的东西最好"之道,只是他九五之尊,不好意思直说"爱卿,今晚请朕撮一顿大腰子嘛"。现在烧尾宴一出,升官的固然高兴,皇上也得以大快朵颐,尝尝宫外的菜色,皆大欢喜。

李显只思口腹之欲,并不考虑此举会助长铺张浪费之风。

景龙三年(709),苏瑰拜尚书右仆射、同中书门下三品(宰相）、封许国公，照例是要献食的。这次，李显一次性提拔了一群人。由于升官的人数太多，不能挨家挨户去吃，那这样好了，大伙儿各自带一些好吃的，挑个日子，开个君臣狂欢的聚会，热闹热闹！

到了设宴那天，所有蒙恩擢升的大臣各自带着精心准备的食物入宫，唯独苏瑰两手空空，同僚一片哗然，这是打算吃白食？将作大匠宗晋卿奚落道："拜仆射竟不烧尾，岂不喜耶！（封了宰相居然不烧尾，你在搞笑吗？苏大人！）"

李显坐在御座上拉着张脸，心里怨极了苏瑰，只恨没法儿当场申斥。全场一片尴尬之际，苏瑰昂然而出，说出一番话来："宰相燮和阴阳，代天治物。今粒食踊贵，百姓不足，卫兵至三日不食，臣诚不称职，不敢烧尾！"

臣诚不称职，不敢烧尾！

好一个"不称职"！啪啪啪，字字扇在李显及曲媚逢迎的一众大臣脸上。

当时的状况，关中地区连年歉收，长安积粮有限，加上漕运不利，致使斗米百钱。有臣下属意暂趋洛阳，唐初不乏皇帝因长安粮少而赴东都就食的先例，李显不同意，冷笑道："岂有逐粮天子？"大概因为早年被贬在外，心里落下了阴影，说什么都不肯再离开长安。可是京城缺粮缺到"卫兵三日不食"的地步，军饷尚且如此，何况民间？

苏瑰这番毫不留情的痛斥大大扫了李显的兴致，从此烧尾渐绝。而在苏瑰拜相半年前，烧尾之风犹盛。

韦巨源拜尚书令左仆射，为表示感念天恩，殚精竭虑地在自己家里备下一席盛筵，邀请李显下榻，李显当然毫不客气，摆驾韦府。为了纪念这一"光耀门楣"的时刻，韦巨源特地整理了一份日记性的《烧尾宴食单》，让千年后的我们有机会窥见当年帝王御宴。

以下根据北宋人陶谷《清异录》的批注（括号内部分），尝试对宴会食物做出还原。

1.巨胜奴（酥蜜寒具）：蜂蜜、酥油和面，加黑芝麻而成的炸制点心。"寒具"是指蜜制馓子或芝麻酥蜜麻花。

韦府的面点师傅提前以老面发好面团，备下最纯的上等蜂蜜、浓稠的糖浆、新鲜的酥油、芝麻，掐算好皇上驾临开饭的时间便开始工作，确保将最新鲜出炉的寒具趁热送到御前。据说出色的寒具之松脆爽口，大嚼声响"惊动十里人"。

2.婆罗门轻高面（笼蒸）：印度特色面食。

唐朝与天竺文化交流频繁，除了玄奘取回的大乘佛经，包括蔗糖提纯技术的许多印度食品及其加工工艺也都传入了中国。

3.贵妃红（加味红酥）：多种口味的红色酥性点心。

唐风浪漫，为食物取名亦处处诗情画意，不像宋代以后，清一色的某某饼子、某某丸子。当然，食物名称通俗化也反映出宋代之后市民经济较唐代的进步。

4.汉宫棋（二钱能印花煮）：钱币大小、棋子状的印花煮制面点，有点儿像现在的婴儿辅食面片。

5.长生粥（进料）：稀有进贡食材，熬制成符合中国人饮食习惯的粥。

6.甜雪（蜜燫 [làn] 太例面）：加入蜂蜜烙炙的松脆甜饼，口感如雪，入口即化。

7.单笼金乳酥（是饼，但用独隔通笼，欲气隔）：纯乳蒸就，每块占一只笼屉，色作金黄。

《饮膳正要》中介绍有一味乳饼，牛乳煮沸，点醋，像做豆腐一样，使牛乳渐渐凝固，沥干水分，帛裹压实。今天云南地区的乳饼还保持着当时的金黄色。

8.曼陀样夹饼（公厅炉）：曼陀罗花形状的夹心烤饼。

9.通花软牛肠（胎用羊羔髓）：羊羔大骨的鲜嫩骨髓，拌入其他佐料、辅料，塞进牛肠烹熟，筋道而满口浓香。

10.光明虾炙（生虾可用）：烤大虾，要求品相明亮剔透。

11.白龙臛（治鳜肉）：鳜鱼肉羹。

12.羊皮花丝（长及尺）：以极细的刀工将羊肚（百叶）切成尺长的细丝。

13.雪婴儿（治蛙莢豆贴）：青蛙去皮剔骨，蘸裹精研细磨的豆粉煎到雪白粉嫩，如同婴儿皮肤。

14.仙人脔（乳瀹鸡）：鲜奶炖鸡。

15.小天酥（鸡鹿糁拌分装）：鸡肉鹿肉末粥。

16.箸头春（炙活鹑子）：筷子头大小的煎或烤鹌鹑肉丁。

17.过门香（薄治群物入沸油烹）："薄"字取少、"群"字取多，各种精选食材每种取少许，入沸油煎炸，其香气之郁，破门而出。

18.七返膏（七卷做圆花，恐是糕子）：圆形花式糕点，制作时七次折卷，有些类似千层糕。

19.金铃炙（酥搅印脂取真）：鸡蛋和以酥油炸成的金铃状点心。

20.御皇王母饭（偏缕印脂盖饭面，装杂味）："偏缕"是肉丝，"印脂"是指鸡蛋。类似现代的煲仔饭。

21.生进二十四气馄饨（花形馅料各异共二十四种生进）：取二十四节气，花形、馅料各异的二十四种馄饨。二十四色，二十四味，只这一道菜便需庖厨费尽心思。

22.鸭花汤饼（厨典入内下汤）：面揉搓至拇指粗细，二寸一断，以迅疾手法做成薄片下锅。这种食物的制法利落，别具观赏性，因此特意命庖厨登堂表演，现做现尝。

23.同心生结脯（先结后风干）：生肉片成长索，打同心结，风干成肉脯。这又是考校刀工手艺的一道菜。

24.见风消（油浴饼）：见风消是一种可以入药的植物，这里取的是见风消的形，或形容饼酥脆至风一吹就化掉，实在难说。

《遵生八鉴》介绍了一种"风消饼"，取"入口即化"之意，原材料取糯米粉、蜂蜜、酒醅和白糖。如今陕西还能见到一种叫作"泡泡油糕"的小吃，据说正是由见风消演化而来。

25.金银夹花（平截剔蟹细碎卷）：蟹黄蟹肉卷。

26.火焰盏口馅（上言花，下言体）：即今天的"煎堆"，也叫作"麻球"。

27.冷蟾儿羹（冷蛤蜊）：蛤蜊羹。

据说，唐文宗有一次吃蛤蜊，碰到一只蛤蜊紧紧闭合，怎么都打不开。平时御厨精挑细选，哪敢把打不开的蛤蜊盛给皇帝吃。于是唐文宗大为震惊，觉得这必是天兆，因而焚香祝祷。蛤蜊乃开，蚌肉赫然呈现。

28.唐安餤 [dàn]（斗花）：唐安县特产的花式面点。

29.水晶龙凤糕（枣米蒸破见花，乃进）：糯米粉枣糕。用当年新产的糯米，经过浸泡、研磨、揉捣，分子重新组合，口感也得到改善。这道水晶龙凤糕要上屉蒸到糕体破裂成花才够火候。

30.双拌方破饼（饼料花角）：两种原料掺混制成的花形饼食。

31.玉露团（雕酥）：奶酥雕花点心。

32.天花馎饦（九炼香）：野生天花蕈向来被奉为珍馐，味道原已奇鲜，加上九制九炼，恍不似人间烟火。

馎饦是唐代流行食品，或系炸春卷的早期形态。唐文宗朝甘露之变中，负责诱捕仇士良的左金吾卫大将韩约就做得一手清新甜美的樱桃馎饦，能保樱桃色泽如新。

只是这厮下得厨房，却上不得战场，当时韩约负责将宦官头子仇士良引至伏有刀斧手的左金吾衙门，只待仇士良进门便群起扑杀。不料仇士良积威素著，韩约抵受不住巨大的压力，仲冬时节吓得脸色苍白、满头大汗。精明的仇士良看他神色异常，细辨风中隐闻兵刃碰撞之声，乃转身奔逃，发动听命于他的神策军屠戮朝臣，唐文宗中兴除阉之策就此夭折，韩约也被宦官斩首。据说仇士良府上也有一道特色美味，唤作"赤明香"，不知是果脯还是肉脯，言"轻薄、甘香、殷红、浮脆，后世莫及"。

33.八方寒食（用木范）：模子印制的多边形糕点。

34.素蒸音声部（面蒸象，蓬莱仙人，凡七十字）：音声部就是乐师，素蒸，将果蔬雕成乐师俑，上锅蒸熟，简而言之，就是"能吃的手办"。

35.赐绯含香（粽子蜜淋）：囊裹特殊香料馅儿的绯色粽子，食前浇淋蜂蜜，鲜妍莹润。

提到"赐绯"，令人想起后蜀孟昶宫廷的奇味"赐绯羊"，此菜又名"酒骨糟"：红曲煮熟羊肉紧紧卷起，重物镇压，没入酒中，腌至羊骨也渗饱浓浓的酒香，切作如纸薄片。

中国人用酒糟加工食物，穷源溯委，最早可以追至先秦，在酒糟的作用下，腥气转换成醉人的异香，所有食材都酩酊了。水产、禽类、畜类，无不可为，"入口之物，皆可糟之"，从醉蟹醉虾到糟鸡糟肉，岁月浸久，糟味保持着迷人风韵，在传承中继续进化。

36.金粟（平槌鱼子）：鱼子打制成泥，抟为栗子大小，烹调成品色泽金黄，大概出于烤或者煎炸。鱼子入油煎熟，生成破鼻浓香，贪味如李显者单是想想，大概就无心早朝了。

37.凤凰胎（杂治鱼白）：鱼白是鱼的精巢，既然名为"杂治"，这道菜就不止鱼白。

如今客家菜传下一味"凤凰投胎"，是将鸡包进猪肚，塞入各种调料煲两小时，捞出斩块，再煮片刻。

38.逡巡酱鱼（羊体）：涂抹酱的鱼放进烤羊里。还有一种断句，逡巡酱（鱼羊体），即鱼肉、羊肉打烂成泥，调和而成的一道肉酱。无论如何，"逡巡"取"迅速"之意，言此酱制作省时而不依常法。

39.乳酿鱼（完进）：乳酪塞进整鱼。食材塞进胚料的烹法叫作"酿"，如酿豆腐、酿茄子。

40.丁子香淋脍（腊别）：腊别，一说"醋别"。作"腊"指腊肉，作"醋"解释成蘸醋吃。这道菜用丁子香，也就是丁香蒲桃的花蕾萃取精油，浇淋在生鱼片或肉片上。

丁子香古籍亦称"鸡舌香"，是举世闻名的香料。汉朝尚书郎面圣奏事，为却口臭，辄含丁子香。东汉桓帝朝，侍中迺[nǎi]存年老口臭而不自知，一次在皇上跟前陈奏，把汉桓帝熏得直皱眉头。皇上不好意思直说，只命人赐了洒存一枚丁子香，让他含在嘴里。洒存不识这是何物，眼风瞥见皇上一直皱着眉头，这东西含在嘴里又微带辛味，还以为自己犯了什么大罪，皇上给了他一颗毒药，暗示赐死。洒存大为惶惧，回到家就交代后事，全家上下抱头痛哭。同僚幕友们听说皇上无端要赐死重臣，都赶来探问，洒存容颜惨淡，吐出丁子香，遍示众人，众人齐声大笑，道："洒大人！皇上赐的这不是毒药，是口香糖！"

丁子香除臭增香，入馔绝妙。南宋《梦粱录》记临安食肆名食，其中一种"丁香馄饨"即以丁子香调味为特色而命名。欧洲人亦重此物，四世纪时，丁香就被装在黄金打造的箱子中献给罗马教皇。威尼斯人凭借垄断亚洲进口丁香贸易，大发横财，以弹丸之地建成惊人的商业帝国。另外，驱使哥伦布下海的动力之一也是寻找包括丁香在内的诸多亚洲香料。

41.葱醋鸡（入笼）：《朝野佥载》载，武则天面首张易之用铁笼烤活鸭、活鹅而食，多见于后世各类古代饮食猎奇文章之中。

42.吴兴连带鲊（不发缸）："不发缸"当指不开启封缸，上菜时直接连缸呈上。吴兴，今浙江湖州，当地的鲊名噪数百年，东晋王羲之有《吴兴鲊帖》传世，绍承至唐，依旧作为贡品进献。

我们时常可以在一些寿司店看到"鲊"这个汉字，事实上，最早的日本寿司正是演化自中国的鲊，其主要目的在于延长鱼类的贮存期限。今天日本滋贺县的"鲋寿司"还保持着原始鲊的做法：将鲋鱼的内脏清理掉，内外抹盐腌制，两三个月后，取出脱水的鲋鱼洗净，鱼腔内重新填入盐和米饭，埋入盛有蒸熟米饭的容器发酵。用这种方法，鱼类的存放时间可长达两年。

在日本，鲊演化为寿司，通过二者的联系不难看出：中国鲊原指盐或曲腌制的鱼类、肉类，拌米粉、面粉，切碎而食，"以盐米酿之加菹，熟而食之也"。受民族饮食习惯的影响，寿司以米粒取代了鲊的米粉。中国古代做鲊，强调的是腌渍和发酵，腌渍和发酵延长了食物的贮存期，同时赋予了食物特殊的风味。腌渍和发酵是古代最常用的防腐方案。中国人做鲊，有时会用上酒曲，以强化发酵效果。

与单纯用盐腌制的咸鱼不同，鲊（包括日本鲋寿司）的味道偏酸臭，但正是这种奇特的风味，俘获了无数古人的味蕾。少数民族文化更替较缓，更完整地保留了传统遗俗。瑶族鲊种类齐备，肉、蛙、鱼、鸟皆能为鲊，方法是：炒熟的糯稻米研磨成粉，将肉、鱼等与米粉混合，加入盐、米酒保鲜提味，装坛密封，坛口朝下，酝酿一年后，美味端上餐桌。方法颇类古人，即使当年汉唐做法有异，大体也不会出入太大。

后来，鲊的主材开放，不再局限于鱼类，蔬菜、肉类甚至贝类都能做鲊，如茄子鲊、萝卜鲊、蛏子鲊，当然，名声最响亮的还是"黄雀鲊"。北宋大诗人、四大书法家之一的黄庭坚曾经在亲戚家里吃过一口黄雀鲊，刷新了他的三观，提笔写下《谢张泰伯惠黄雀鲊》，说如此美食，大内御膳也有所不及。宰相蔡京被抄没家产，家中发现了三个堆满了坛坛罐罐的古怪仓库，打开坛子一看，竟然全是黄雀鲊。古人嗜吃此物到了这等地步，足以说明黄雀鲊在当时的受欢迎程度。

43.西江料（蒸巇肩屑）：西江是我国第三大水系珠江的干流。这道菜选西江一带产出的猪蹄膀肉，斩剁成泥，上甑蒸熟。

44.分装蒸腊熊（存白）：熊白就是熊在冬眠时囤积于背部的

一层厚脂。为长期贮存，将熊白腌制熏烤，取食时蒸熟。

45.红羊枝杖（蹄上载一羊，得四事）：烤全羊。

46.升平炙（治羊鹿舌拌三百数）：烤羊舌和烤鹿舌三百条。

农耕时代耕牛不宜随意宰杀，部分时期立法护牛，不准妄杀。而彼时野兽众多，野味丰富，鹿肉就是可靠的肉食补充。

47.八仙盘（剔鹅作八副）：全鹅剔骨，分装八份的拼盘。

48.卯羹（纯兔）：卯即兔，兔肉羹汤。

49.清凉臛（碎封狸肉夹脂）：狸肉羹放冷凝成的肉冻。

50.暖寒花酿驴（蒸耿烂）：绍兴花雕酒蒸驴肉。功夫需使足，将肉蒸烂。

韦巨源迁左仆射是在当年春季，乍暖还寒，给皇上安排这道菜，驱寒暖身。韦大人的用心比厨子蒸肉下的功夫更足。

51.水炼犊（炙尽火力）：清炖小牛犊，讲究火候用够。

52.五生盘（羊、豕、牛、熊、鹿并细治）：取羊、猪、牛、熊、鹿生肉切片的花色拼盘。

53.格食（羊肉肠脏缠豆莢）：全羊切碎，豆粉挂糊煎烤。

54.缠花云梦肉（卷镇）：卷镇是一种传承千年的肉食制作技法。香濡筋道的肉皮包卷着各色荤素食材，重物压制成型，切薄片上桌，以云梦形容肉纹理的盘曲之状。今天最常见的卷镇菜当推肘花，上文后蜀宫廷秘制"赐绯羊"也属于卷镇菜。

55.红罗钉（脊血）：脂块和血块拼盘。

56.遍地锦装（鳖，羊脂鸭卵副脂）：羊油、鸭蛋黄烧甲鱼。

57.汤浴绣丸（肉糜治隐卵花）：肉糜打入鸡蛋，做成丸子，浇汁。

以上凡五十七道菜可能仅为韦府烧尾宴的一部分，李显的铺张奢侈可见一斑。

唐中宗一朝，官员冗滥。安乐公主墨敕斜封，公然卖官鬻爵。李显随意擢拔官员，以至宰相、御史、员外官人数太多，办公室都不够分配，称"三无坐处"。这样不节制地加官晋爵，自然日日烧尾，遂了李显的口腹之欲。

沉迷享乐换来的是一个乌烟瘴气的朝堂和日渐糜烂的朝政。这位糊涂天子甚至未曾留意，由于他的无能和纵容，身边最亲近之人已经膨胀难制，被权欲吞噬堕化为恶魔。在他第二次登上帝位仅仅五年后，急于篡权的皇后韦氏和女儿安乐公主合谋投毒，在灯火昏暗的神龙殿，李显痛苦地走完了他幸运又不幸的一生。

《新唐书》评价李显用了"下愚不移"四个字，说他"蠢到无可救药"，诚哀其不幸，怒其不争。而《旧唐书》的批语鞭辟入里，更是一记长鸣的警钟："志昏近习，心无远图，不知创业之难，惟取当年之乐。"

宋徽宗的生日宴 🔲

　　宋代商业和农业的进步提高了部分食物的总供应量，极大地丰富了肴馔品类。充沛的原材料为菜肴的多样性提供了保障，市民经济则将这种多样性发挥得淋漓尽致。街市之繁华，名吃之驰誉，往往上动天听，引得皇帝也忍不住传谕叫"外卖"进宫来吃。

　　南宋高宗就喜欢隔三岔五点个外卖，"李婆婆杂菜羹""贺四酪面""脏三猪胰""胡饼""戈家甜食"都曾奉旨给高宗送餐，他的祖辈——北宋真宗连赐宴群臣都派人去市场采购。

　　宋徽宗更离谱，宣和年间，每至腊月，晨晖门外密密层层挤满了小吃摊，卖鹌鹑馉饳儿的、卖圆子馓拍的、卖白肠的、卖水晶鲙的、卖炒栗子的、卖银杏的、卖金橘橄榄龙眼荔枝的，人头攒动，等候宋徽宗下单点菜。倘蒙君王宣唤，皇上金口一赞，不单是绝好的宣传，简直光宗耀祖，为常人甚至帝国大多低级官吏终生难逢的莫大荣宠。

皇上叫外卖，并非宋朝御厨机构简陋无能。宋代御厨系统分为负责御膳、宴会、煎烹的太官署，负责米、面、点心、果品的珍馐署，负责酿酒的良酝署，负责酿醋制酱的掌醢署，以及内外物料库、都曲院、法酒库、油醋库、奶酪院、御膳素厨、菜库东厨、果子库等，组织严密，分工明确。但是宋朝，尤其北宋前期，极为重视"祖宗旧制"，一饮一啄，无不规行矩步，按祖训行事。

这种情况不独宋代，明清两朝皇帝亦颇为祖宗家法所苦。祖宗创立制度，自存其良苦用心，创业者清楚，自己再怎么英明神武，子孙难免智愚贤不肖，因而莫不惩前毖后，想要创立一套巨细无遗的制度来约束不肖子孙。出了庸主不可怕，只要制度运转良好，外加精干的良臣辅弼，人主只管遵循守成，照样可以维持基业不坠，维系铁桶江山。宋太祖赵匡胤给宰相赵普写信，就自信满满地说道："朕与卿定祸乱以取天下，所创法度，子孙若能谨守，虽百世可也。"

然而时移世易，没有任何制度能万世通行，环境和情况变了，依然因循旧制，就使得继承者有苦难言。宋代祖宗家法，对饮食方面的要求十分明确："不得取食味于四方。"不准去殊方异域搜罗稀奇古怪的食材，免得劳民伤财，像伊尹说商汤的那些猩唇、牦牛尾、象鼻、凤凰蛋，想都不要想。还有一条："饮食不贵异味，御厨止用羊肉，此皆祖宗家法，所以致太平者。"御厨烧肉菜只能用羊肉，皇上想吃口猪肉都不容易，以致每年消耗羊肉几十万斤。

北宋仁宗天性恭俭仁恕，于祖宗家法秉承极严，几乎到了苛待自己的地步。一次早朝，大臣瞧他状态不佳，龙颜有些憔悴。天子乃是"君父"，既是君主，也是"父亲"，"父亲"圣躬不豫，做"儿子"的当然要问安。

宋仁宗说："有点不舒服，没什么。"大臣们便疑心昨夜皇上同嫔妃玩耍过度，乃至伤身，纷纷进言，劝他节制一点。宋仁宗大翻白眼，哑然失笑："你们在想什么！朕这是昨晚饿的。"众臣皆惊："太平年月，连闾里庶民大多可致温饱，天子奄有四海，是世上最不可能挨饿的人，如何竟会挨饿？"宋仁宗道："昨天夜里朕有些腹饥，想吃口烧羊，问起左右，说白天烹制的已无剩余，只好作罢，就此饿了一夜。"大臣道："何不令御厨即时做一份？"宋仁宗道："祖宗家法向无夜供烧羊的规矩，朕一破此例，后世子孙必然效仿，不知要多杀多少头羊。"

皇帝万乘之尊，整个天下都是他的，只为上念祖宗法度，下虑不可多杀生灵，居然宁可自己挨饿。宋仁宗庙号曰"仁"，当真名副其实。

又一次，仁宗在后宫与嫔妃聚餐，众嫔妃各进拿手好菜，其中一品新长肥的大蟹，共计二十八只。宋仁宗说："这倒是鲜货，今年尚未尝过。"刚待下箸，忽然问道："一只多少钱？"回奏说："一千钱。"宋仁宗瞬间变脸，筷子一丢，大发脾气："警告过你们多少次，不要侈靡！一道菜就花费两万八，这样的东西，朕不吃！"由于宋仁宗的谨守祖训，黜奢俭食，内宫后妃亦时时自惕，不敢铺张。

仁宗朝，吕夷简任宰相，吕夫人循例进宫朝见皇后，皇后说："皇上喜欢吃酒糟淮河白鱼，但是祖宗旧制，不得取食味于四方。吕相国故乡在寿州（今安徽凤台），你们家应该有这东西吧？"

吕夫人回家，当即着人准备十箱糟白鱼进献皇后。吕夷简瞧见，问明事由后道："不要准备这么多，两箱即可。"吕夫人埋怨说："你也太小气了，给皇上送吃的，莫非还心疼不成？"吕夷简无奈道："皇上御膳都吃不到的东西，咱们家一送就是十箱，咱们家岂不是盖过了皇室？成什么样子了！"

皇后想张罗点儿地方特产给皇上解馋，到了托臣下捎带的地步，以帝王的标准来看，这种日子简直寒酸。

动不动就祖宗家法，对克己的皇帝生活影响尤大，规矩多，责任重，朝乾夕惕，宵衣旰食，想吃点好东西卒不可得，还不能像官员那样，不想干了就撂挑子辞职退休。难怪前人说"愿自今已往，不复生帝王家"，皇帝这份"工作"可以最舒服享受，也可以最繁剧难当。

既然祖制"不得取食味于四方"，皇上想要尝鲜，只好叫外卖。外卖取自京城，不属"四方"，也就不算违背祖制。

宋徽宗承接大位，命各地采办生辰纲已算是破了祖宗家法。不过对于例行规矩、礼制攸关的国宴，他还不敢，也犯不着大事更张胡乱点菜，宴会的大多仪注和菜品均延用定制。

宋朝历代皇帝的生辰各有名号，宋太祖生辰之日称为"长春节"，宋太宗"乾明节"，宋真宗"承天节"，宋仁宗"乾元

节"。宋徽宗生于十月初十，这天也定为当朝法定节假日，号称
"天宁节"。节日期间，全国禁止屠宰，官员放假，皇宫大开宴
席，群臣贺寿，下面由孟元老通过《东京梦华录》为我们带来宋
徽宗生日宴的现场报道。

为迎接"天宁圣寿"，宫廷教坊提前一个月着手彩排乐舞。
朝野文士，会作诗的作诗，会填词的填词，营造良好的节日氛围。

十月初八，枢密院率领正八品以上的武官，十月初十，尚书
省宰相率从八品以上文臣，先赴皇家寺院大相国寺为皇上祈福，
然后吃一顿"祝圣斋筵"。因属公务，这一席别致静雅的素斋当
然由朝廷买单。接着，百官车马纷纷，都来到尚书省总办公厅集
合，樽俎罗列，再吃一顿，由皇上请客赐宴。

赐宴向来丰盛，司马光《涑水记闻》中举过一个例子，皇上
赐宴，仅果子就有近百种。十月初十是宋徽宗的正生日，他本人
要留在后宫与嫔妃吃饭。尚书省这顿饭，徽宗大约就不露面了，
仪节没那么麻烦，臣工们吃得也比较轻松。

十月十二，宰相、亲王、宗室、百官清晨进宫列队等候。
南宋的天子寿宴，臣工恭候之际，内宫还会派人高举一面牌子
出示，上书"辄入御厨，流三千里"，警告百官安安分分立正
站好，等着皇上召见，没事不要瞎溜达。倘若好奇心起，跑进
御厨房去与颠勺的大师傅聊天，被侍卫捉住，从重判处，充军
三千里。

自清晨起，群臣一直等到宋徽宗磨蹭完了，听诏觐见，这么
一群苍髯驼背、平日严肃正经的老头子就在皇上面前翩翩起舞
（拜舞）朝贺。集英殿山楼之上，教坊乐人开始弹奏，先奏的不
是音乐，而是伴奏善口技口哨者，模仿百鸟啼鸣。一时内外肃

静，只闻半空中叽叽喳喳，像是抄了花鸟市场的老窝。百官赐座，宰相、亲王、宗室、翰林学士之类文学侍从，以及外国使臣坐在殿上，其他官员坐于两廊。

宴会正式拉开帷幕，侍者鱼贯而入，手托涂金镶银的精洁食器，先上一轮"看菜"。这种菜肴的目的是眼皮供养，摆在那里仅供观赏，按礼仪是不可以吃的。

宋代官贵进馔，常设看菜，不独国宴，天子平时的常膳亦置，照例以九枚精致的"牙盘"盛放，此承自唐制。国宴的看菜内容也遵从祖宗之法，包括环饼（麻花、馓子之类）、油饼、枣塔三样，"累朝不敢易之"，也就是说，从北宋初直到南宋，但凡国宴，看菜必用这三种。辽国使臣则外加猪、羊、鸡、鹅、兔连骨熟肉，都细线捆系，及生葱、韭、蒜、醋各一碟。

众卿家正襟危坐，眼珠凸出，盯着自己面前那一盘盘香气弥漫的点心糕饼，极力克制伸手取食的欲望，吞咽口水之声此起彼伏。接着上果子和饮料，饮料装在桶里，三五个人分享一桶。

侍者为皇上和众臣斟酒，皇上的酒具由纯金打造，曲柄，称为"屈卮"，殿下群臣的酒具按例用纯银。分管各色乐舞的"教坊色长"两人，戴头巾，着宽大紫袍，凭栏举袖高唱"催酒辞"，唱罢双袖拂于栏杆而止。催酒辞就是唱歌劝酒，催酒辞送酒之仪也承自唐朝，所谓"淑景即随风雨去，芳樽宜命管弦催"。这么劝酒，委实盛情难却，人家八音和鸣，背景音乐都给你奏了，歌都唱了，你好意思不喝？

于是皇上举起酒卮，由东及西，向宰相、亲王、外国使臣分别示意。群臣慌忙离开凳子，伏地叩拜，谢皇上赐酒，捧杯饮尽，再拜而坐。有些过于紧张的新晋或者急性子的官员，在这个时候起身起得快了，不等皇上示意毕，就"噌"地跳起身来；又或反应迟钝，起身太慢，大家已经开始叩拜，其还兀自坐在凳子上东张西望一脸茫然的官员，御史都会暗中掏出小本本记下来，宴罢上奏，纠举弹劾。

所以这顿饭虽然鱼龙丝竹，妖歌曼舞，与会者却着实不轻松，不仅频频下跪，跪快了、跪慢了、坐错位置、大声谈笑、喝高了失态、擅自离席、早退，以及食量大的武将没能吃饱，宴终之时犹自大口狂啖，都难逃严遣。设或御史说话难听，皇上看奏折时心情不好，这么一本参上去，甚至可能断送前程。

教坊诸部乐师列于山楼下彩棚中，皆裹长脚幞头，分执拍板、琵琶、箜篌、琴瑟。两面高架大鼓，鼓面彩画花地金龙，击鼓人背结宽袖，套黄色窄袖衫子，两手高擎互击，势若流星。其后又列羯鼓、方响、箫、笙、埙、篪［chí］、觱［bì］篥［lì］、龙笛之类。两旁对列杖鼓两百面，鼓手皆长脚幞头，紫绣抹额。

少顷，赐宰臣百官御酒，皇上喝酒、宰相喝酒、百官喝酒，各上演相应的乐舞助兴。前两轮酒并不提供下酒菜，赐到第三盏，杂技百戏入场，上竿、跳索、倒立、折腰、踢瓶、筋斗、擎戴（一人倒立，脑袋支撑在下方之人头顶），眼花缭乱。这时才上食馔，有盐豆豉、爆炒肉片、双下驼峰角子（烤包子）。御厨手捧绣龙锦缎覆盖的食盒进呈，两个太监双双跪下，将菜肴高举过顶，摆上御案。殿侍为百官上菜，则侧身跪传。

与皇上吃饭，一举一动均需格外留神，大声喧哗固然禁绝，筷子勺子也得轻拿轻放，否则皇上过个生日，你们一片叮叮当当，吵闹有如大排档，成何体统？是故时人诗云："殿侍高高捧盏行，天厨分胾极恩荣。傍筵拜起尝君赐，不请微闻匙箸声。"

第四盏酒，滑稽剧上演，杂剧艺人插科打诨的热闹中，侍者端上酱烤排骨、粉丝、白肉胡饼。

第五盏酒，琵琶色长（宋元时期教坊司管理乐工的属官）上殿奏喏，独弹玉琵琶，同时群仙炙、天花饼、太平毕罗、干饭、肉丝羹、莲花肉饼上桌。

喝到这会儿，宋徽宗坐得有些乏了，起驾入内少歇，宴会进入中场休息。百官也退至殿门外临时搭盖的棚下，该上厕所的赶紧如厕，帽子歪了、衣带开了的赶紧整理。须臾，太监出来传旨，列班复入，重新参拜皇上，谢恩落座。

有时宴会进行到第五盏酒，皇上会赏赐群臣及伶人簪花，皇上入内歇息更衣，换上黄袍小帽，也会在自己帽子上簪几朵小花。"六军文武浩如云，花簇满头冠样新。"徽宗生辰冬令已降，北地早寒，缤纷凋尽，所簪之花多半系"宫花"，也就是绢帛假花。

皇上赐花乃出自天恩厚爱，官员就算觉得"大老爷们儿戴朵花忒矫情"，亦非戴不可。而且官员品级不同，所赐的花色、数量不尽相同。亲王、宰相毋庸担心，自有太监服侍插戴，其他官员就要格外谨慎，注意正确佩戴。胆敢不戴，或者戴少了、戴错了，御史又掏出小本本记下，宴罢参上一本，等着挨罚吧。

第六盏酒，宋徽宗精神大振，他最期待的"天宁杯"皇家蹴鞠友谊赛开锣。

殿前立起三丈高的球门，彩络飘飘，两支皇家男子足球队分着青红队服，御前对垒。其实这种"球赛"更像现代的排球，而非足球，鼓乐声中，球员将球颠来颠去，凌空传递，最后踢过球门。球门另一侧的球队接球，亦颠来颠去，踢过球门。最终胜者赏赐银碗锦彩，全队身披御赐的锦缎拜舞谢恩。输球的一队，队长拖下去抽顿鞭子，之后在其脸上涂抹重粉，加以羞辱。这轮的下酒菜用模拟王八汤的假鼋鱼，以及密浮酥奈花。

第七盏，妙龄少女四百余人，或戴花冠，或仙人髻，鸦霞之服，或卷曲花脚幞头，四契红黄生色销金锦绣之衣，莫不一时新妆，曲尽其妙，且唱且舞。下酒菜用排炊羊胡饼、炙金肠。

第八盏下酒菜，假沙鱼、独下馒头、肚羹。

第九盏，压轴大戏格斗比赛登场，力士殿前相扑，将宴会气氛推至高潮。下酒菜用水饭、簇钉下饭（拼盘）。吃完宴会结束，内侍撤掉"御茶床"，宋徽宗起驾。

整场宴会共进九轮寿酒，九为极数，合于至尊。群臣谢恩下殿，依然骑马出宫，携御赐簪花回府。在晚会上演出的数百美少女从右掖门出皇城。

每到这天，最兴奋的不是过个生日折腾得半死的皇帝，也不是谢恩谢了一夜、没能踏踏实实吃顿饭的官员，而是汴京城的豪俊少年。此辈掐准晚会散场时间，都守在少女们出宫的路上，但见群芳踏月而来，一拥而上，送首饰的送首饰，送酒食的送酒食，毛手毛脚，殷勤绵绵，有幸博得姑娘芳心，登时御街驰骤，骏马载归。

祖宗制度约束下的帝王寿宴仿佛一场铺张豪奢的例行公事，这些固定的乐舞演出，皇上从小到大不知反反复复看过多少次，早就看厌了。菜式也相对固定，举凡国宴，总是这几样普普通通的菜，普通到可以在京城市面上买得到，对皇帝来说，当然全无惊喜。

南宋孝宗淳熙年间，在集英殿款待金国使臣的外事宴会，同样上了九轮菜。第一轮肉咸豉，第二轮爆肉、双下驼峰角子，第三轮莲花肉油饼、骨头，第四轮白肉、胡饼，第五轮群仙炙、太平毕罗，第六轮假圆鱼，第七轮柰花、索粉，第八轮假沙鱼，第九轮水饭、咸豉、旋鲊、瓜姜。看食：枣糊子、膘饼、白胡饼、唤饼，与徽宗生日宴的肴馔大同小异。

另外，国宴是封建国家"礼"的集中体现，它象征着规范，是反复强调等级秩序，确认首脑权威的朝廷礼制序列的一环。如果臣子拒绝参加，无疑会被视作藐视朝廷法度，不敬君上。北宋神宗即位之初，大宴群臣，有人请假未至，旋即被御史参了一本："臣闻君命召，不俟驾，此臣子所以恭其上也。今赐宴而有托词不至者，甚非恭上之节也。请自今宴设，群臣非大故与实有疾病，无得托词，仍令御史台察举。"

而具有参加资格却未蒙传召，当事者更要疑神疑鬼，怀疑自己被排除出体系之外。雍熙二年（985）重阳节，宋太宗在内苑举行家宴，在京王子均奉召出席。太宗长子赵元佐因为有病新愈，太宗顾念他的身体状况，没有召他与会。傍晚散席，几个王子相约探望兄长，赵元佐听说家宴居然没有他的份儿，勃然大怒："你们都去了，独不让我参加，父皇这是不打算要我了?!"赵元佐越想越气，当天晚上，将姬妾、宫女都锁在东宫，一把火把宫室烧了，大火烧到次日平明。宋太宗素来了解他这个长子，平日就暴躁偏激，疯疯癫癫，猜测多半是他作的孽。诏令御史逮捕，赵元佐供认不讳，当即下旨褫夺王爵，废黜为庶人。

196 道菜!

论如何喂撑宋高宗

1127年春，金国军队攻陷宋都开封，俘虏宋徽宗、钦宗，北宋灭亡。

这一年，幸存下来的徽宗第九子赵构即位，是为南宋开国皇帝——宋高宗。

宋高宗执政初期，迫于金国军队的紧逼曾启用李纲、宗泽、岳飞、韩世忠等主战派臣将积极抗金。但高宗之志仅限于"保国土"而非"复失地"，保住纸醉金迷的生活才是抗金的目的。

绍兴二十一年（1151），宋金两国停战已有十个年头。

这年十月的一天，与岳飞、韩世忠、刘光世一起号称南宋中兴四将的清河郡王张俊府上一片忙碌。从张俊本人到庖厨、杂役，人人打起十二分精神，不敢有丝毫疏忽，因为王府来了一位谁都惹不起的主儿——当今天子，宋高宗。

宋高宗是吃饭来了。

自从宋金达成协议，互不侵犯以来，宋高宗终于可以放松一下神经，吃好饭，睡好觉，尽情享受生活了。这其中，张俊着实有几分功劳。

曾经的张俊烈马强弓，呼啸沙场，往来无敌，金人闻而色变，乃是功勋卓著的名将。但宋高宗一意求和，使得朝中主和派把控大权。张俊抵受不住政治压力，倒向了主和一派，同秦桧等来往渐密，当年的铮铮铁骨，在歌舞升平的浸泡下渐渐软了。

骨气丧失，换来的是皇帝的赏识。张俊的政治主张符合宋高宗主和的思想，因此加官晋爵，长保富贵。为示恩宠，高宗特意降旨：朕打算去你家吃饭，好好准备哟。

要知道，宋高宗并不像李显那样千方百计地三天两头找借口去大臣家蹭吃蹭喝。高宗在位三十五年，只去过两位臣子家用膳，一个是张俊，另一个是秦桧。

罕见才更显珍贵。得皇帝屈尊下榻，实在是隆恩旷典。张俊也不负圣眷，竭力张罗了一席中国古代有文字记载的最大规模盛筵。

这是一顿"看菜单都会感到心累"的大餐，整顿饭吃下来耗时极长，甚至安排了中场休息。吃饭过程分成了三个阶段：初坐、再坐、正餐，仪式感很强，而呈现菜品之多、烹饪手段之丰富，把前章的烧尾宴远远抛在了身后。

皇帝驾到，一套繁文缛节后，所有人就位落座。随同宋高宗来到张俊府上的随从和大臣们各有不同规格的饮食招待。以下所列仅限皇帝一个人所享。

下面开始上菜。

古代大家庭院，人畜往来杂沓，牲畜排泄的气味、木质建筑部件陈年受潮的气味、泥土的气味等混在一起，总归不会太好闻，所以客厅要摆放水果，卧室要熏香，起到空气清新剂的作用。

本阶段登场的菜品多为"看食"或"闻果"，主要供观赏和闻味，以水果、坚果、香料为主。当然了，倘若皇上忍不住拿来吃，谅其他人也不敢置喙。

首先，服务员端上八个堆成堆的果盘。

绣花高饤一行八果垒——

1.香圆：香橼。

香橼是中国原产水果，与它的一个变种佛手一样，时刻散发沁心的清香而招人亲近。由于果皮太厚，几乎没有果肉，很少直接食用。果香之清凉爽朗，胜过花香，宋高宗落座，先呈上一盘提神醒脑，维持住皇上的精神头，好应付接下来的大餐，张俊当真花了不少心思。

2.真柑：上品蜜柑。

自唐代起，温州地区的瓯柑便作为贡品，源源不断地运往长安、洛阳。南宋偏居江南，所用食材也主要以淮河以南所产为主，温州瓯柑无疑是最佳选择之一。到了明代初期，瓯柑跟随僧人远渡重洋来到日本，并由当地人培育出了著名的"温州蜜柑"。没错，日本人不忘这种水果的来源，特地取"温州"命名，为中国食物征服世界胃口的一例。

3.石榴。

4.橙子。

5.鹅梨：既然有"鸭梨"，那么是否存在鹅梨和鸡梨？翻看古籍，发现一种"江南李王帐中香"的炮制材料用到了鹅梨。

"江南李王"是指南唐后主李煜，据说他的宠妃小周后发明了这种秘制熏香来吸引李煜。可见鹅梨是具奇香的，所以有人推测鹅梨并不是通常意义上可食用的某种梨子，而是指"温桲"。至晚唐代，中国就开始种植榅桲，此物外形像梨，具有异香，确是用作"闻果"的上佳之选。

6.乳梨：雪梨。

7.榠楂：光皮木瓜。

8.花木瓜：木瓜。

八盘水果除去不怎么好吃的香橼、木瓜外，宋高宗每种水果尝一颗，肚皮差不多该鼓起来了。

宋高宗：朕怎么感觉已经饱了。

然而张俊并不打算理会宋高宗有没有吃饱，继续上菜。

接着是一轮十二道干果、坚果之类。

乐仙乾果子叉袋儿一行——

1.荔枝。

2.圆眼：桂圆。

3.香莲。

4.榲子：香榧。

5.榛子。

6.松子。

7.银杏。

8.梨肉。

9.枣圈：去核切片的枣脯。同理，桃、梨等都能做"圈"。

10.莲子肉。

11.林檎旋：苹果片。

12.大蒸枣。

此时宋高宗已经吃下一肚子水果、干果，却迟迟没等来热菜。

然而接下来是香料拼盘，空气中顿时充满了大料的味道。

缕金香药一行——

1.脑子花：白龙脑香。龙脑香中的上品。

2.甘草花：甘草拼盘。

3.朱砂圆子：朱砂作为丹药主材，一向为上流奉道者尤其好丹道的人群所欢迎。不过此物有毒，皇上是断断不会吃的。

4.木香、丁香。

5.水龙脑：龙脑的一种。龙脑就是冰片，古时，龙脑树脂经蒸馏后所得的结晶被视为顶级香料，历朝多由外邦进贡，极其珍稀。

6.史君子：即使君子，其种子可制驱蛔虫药。

7.缩砂花：缩砂主治虚劳冷泻，宿食不消，下气。缩砂仁是当时（宋元时期）常见的调味料。

8.官桂花：桂皮也叫肉桂，如今厨房主力佐料之一。

9.白术、人参。

10.橄榄花：橄榄拼盘。

这是上了一堆今天炖肉、做鱼会用到的大料啊！

下面轮到做工精美的雕花蜜饯登场，果蔬先经镂雕，复以蜜渍，色、形、味具臻完美，穷巧极丽。

宋代贵族崇尚甜食，也是今天南食偏甜的权舆之一端。有些富室豪门府上设"四司六局"，专掌家宴筹备。四司是：帐设司、厨司、茶酒司、台盘司。六局是：果子局、蜜煎局、菜蔬局、油烛局、香药局、排办局。单独设置蜜饯部门、点心部门，甜食需求不是一般的大。

两晋时期，心思玲珑的姑娘持香橼雕镂花鸟，渍以蜂蜜，用胭脂化入紫檀水点染，细巧妙绝，名动一时。

唐代瓜果雕花蔚为风尚，甚至演变到了败坏世风的地步。开元二十六年（738），唐玄宗特地为此颁布禁令，断绝民间侈靡习气。

宋代市民经济觉醒，消费封印解除，商家放开手段，挖空心思招揽顾客。雕花甜食奇巧有趣，引人瞩目，无疑是一门不错的生意。而上流清供，雕花蜜饯秀雅工致，更是点缀宴席的可人妙物。

顺便说一句，西方万圣节雕南瓜灯，其实中国古代也有西瓜灯的创意。康熙朝华亭（今属上海）才子黄之隽《西瓜灯十八韵》："纤锋剖出玲珑雪，薄质雕成宛转丝。"上元节上街逛逛，还可见到造型奇特的萝卜灯，仍是黄之隽的《咏萝卜灯四首序》说："萝卜……截去须苗，镂以为灯……刻大小花样，枝蔓断续，若绘若绣，刳其内而虚之。夕炷火焉，则光透于表，皆纯赤。华叶心瓣毕现，细若指上螺矣。上元售于市，工巧贾廉，纱笼画障奚为哉。日润以水，可供三四夕始败。"买回家去，屏风宛转，窗月玲珑，静静观赏一夜，第二天大可切了下酒。

雕花蜜煎一行——

1.雕花梅球：雕花的梅子蜜饯。

中国厨师的指尖似乎有魔力，他们不仅负责征服食客的味蕾，而且能够创造令人惊叹的拟物奇迹。千奇百怪的面食造型、花式繁复的摆盘，当然，令人印象最深刻的大概要数食材雕花工艺了。将妩媚轻灵的梅子雕成艺术品，神清骨秀，悦舌娱心。

2.红消花：蜜渍五味子，益气生津，补肾宁神。

3.雕花筍：雕花笋。

4.蜜冬瓜鱼：蜜制的冬瓜雕刻成鱼形。

可以想象一只大冬瓜被掏空瓤籽，劈作两半，在冬瓜内壁瓜肉之上雕出一丛丛游弋的水族，晶莹如碧玉，兼具瓜果的清香。今天云南玉溪还保留有红糖、白糖做的冬瓜蜜饯，而广西玉林的"茶泡"更见精雕细琢，圆滚滚的冬瓜化作翡翠般的手工把件，一刀一刻皆见匠人巧思。

5.雕花红团花：福建保留着一种名为"红团"的地方小吃，古称沙团。

南宋的澄沙团子一直传承到今天，糯米粉染红制作红团皮，绿豆、红豆、红薯泥都可做馅儿，其嫣红如胭脂，全不似吃食。这种看起来像漆器的食物无疑是中国喜庆文化最夸张的代表作。

6.木瓜大段。

7.雕花金橘。

8.青梅荷叶儿。

9.雕花姜。

10.蜜笋花：蜜制笋。

11.雕花橙子。

12.木瓜方花。

砌香咸酸一行——

1.香药木瓜：两宋，西陲地方政权崛起，传统陆上丝绸之路衰落，海上贸易盛况空前。

此间，香药（香料）进口量大增，单次朝贡动辄数以万斤。正常贸易、走私、贩运、加工、销售，朝廷同市场的博弈、各种关于香药江湖的记载和传说，从沉香、麝香到乳香，从香品到香具、女妆、饮食、酿酒、医药多行业渗透应用，香药在宋代形成庞大的产业体系，不再似唐朝般集中在皇家专享，逐渐流向寻常人家。

2.椒梅：又是一味药膳，主料是花椒和乌梅，具有驱蛔、消渴、祛暑之功效。

3.香药藤花：藤花即紫藤花，也叫作紫流苏。

中国人善于从自然中采撷。薄荷、玫瑰、牡丹、金菊，百卉含英，在先祖的食谱上，花卉是常见食材，取自自然的缤纷馈赠，装点成奇妙味道。苏东坡终老之所就叫作紫藤旧馆，作为史上首屈一指的吃货，相信他辛苦莳花不仅仅为了玩赏。在东坡先生眼里，恐怕花园与菜园差别不大。

中国南稻北麦的主食格局决定了紫藤花的不同吃法，四月是紫藤花期，将开得正精彩的紫藤采到厨房，分别做成紫萝饼和紫藤糕。另一种粗暴吃法是，直接裹上面或鸡蛋油炸，如同吃香椿一样，几乎所有可食用的花儿都适用这一吃法。

4.砌香樱桃：砌香是香料融入食材的特殊处理工艺。花样吃樱桃历史悠久，唐朝有樱桃毕罗、糖酪浇樱桃，樱桃盛在考究的小碟子里，浇蔗浆乳酪。国产樱桃皮薄汁足，北方乳酪驰名天下。

5.紫苏奈香：一道紫苏和苹果加入香料制作的爽口菜。紫苏调佐鱼蟹荤腥，蒸蟹的时候，笼底垫几片紫苏叶，祛寒去腥。另外，紫苏鸭、紫苏百合炒羊肉都是这种气味独特植物的常见吃法。

6.砌香萱花柳：黄花菜。

7.砌香葡萄。

8.甘草花。

9.姜丝梅：梅子和姜的天作之合，青梅的甜酸正可中和姜的辛辣，两物遇合的例子至今遍见，如生姜乌梅饮、紫苏杨梅姜、话梅姜片……

中国人对姜情有独钟，从传统的姜糖到风靡的姜撞奶，每一次这种辛辣佐料的婉转变身都宛如惊鸿一瞥。话梅姜制作简单，取几粒话梅，略煮须臾，释放酸味，下姜片同煮，加白糖、醋（或柠檬汁），片刻后关火，放凉即食。

10.梅肉饼：印象中，似乎梅子馅儿的月饼并不多见，脑补一下，至少不会比五仁馅儿差吧。

11.水红姜：添加水红花子加工的姜有消食作用。秋老风寒，给皇上吃这么多姜，张大人当真贴心啊。

12.杂丝梅饼。

漫长的等待，宋高宗终于等来了肉，不过仍然属于零食。

下面这轮是肉干、肉脯。

脯腊一行——

1.线肉条子：细切的腊肉丝。

2.皂角铤子：疑指皂角腌腊肉。

当时，皂角主要用来洗濯，古籍里也见过同样可作为洗衣液的草灰水做的米糕。将早稻磨成米粉，稻草灰烬加开水，过滤沉淀后，取其汁加糖和米粉，揉搓成比元宵略大蒸制，入口清香，这就是宁波的灰汁团。昆明过去一些蒸菜，笼屉衬底铺的是皂角仁，又叫作皂角米。用来蒸腊肉也是常见吃法。

无论如何，用替代肥皂的皂角泡腊肉还是有点儿不易接受，而且皂角润肠通便，主治便秘的古方子多取此物配伍，吃多了容易腹泻。

3.虾腊：晒干的大虾仁。

4.云梦把儿肉腊：古云梦泽在今湖北一带，两湖腊肉向来不凡。

5.奶房旋鲊：提取奶油后剩下的鲜奶，放置发酵。在乳酸菌的作用下，牛奶变酸、凝结，过滤掉多余水分，锅内文火慢煮，边煮边搅，奶块又被熬成糊状，再经一遍水分挤压，充分加热和去水后，干燥的奶渣放进模具成型，在通风处风干或晒干，用时切块，与奶酪相似，这就是奶房。

"旋"解释为"迅速"，古人做鲊费时许久，总有急性子想先品为快。随着需求的增加，有人想方设法压缩生产时间，于是，用酒糟或盐快速制作的"旋鲊"应运而生。

6.金山咸豉：金山县（今上海市金山区）出产的咸豆豉，特产贡奉。

7.酒醋肉：顾名思义，酒和醋烹制的肉干。

8.肉瓜齑：酱瓜、姜、葱白、笋干或茭白、虾米、鸡胸肉，每样取相同分量，一概切细长丝，入香油炒。

笋干和茭白吸收虾米和鸡肉的鲜味，而本身如谦谦君子，不会影响其他食材的本味气质，清香伴着可爱的纯白，仿佛吃饭也变得清新脱俗起来。这道菜色泽淡雅，味道冲和，像浓荫时节一片烂漫的江南阡陌。

吃完肉干，接下来又是一轮干果盘……

到目前为止，先上了八盘水果，又上了十二道干果，然后是十份大料、十二款蜜饯、八种肉干……

总之，宋高宗面前已经有一堆水果、干果了，举箸踌躇，一脸茫然。

垂手八盘子——

1.拣蜂儿：莲房似蜂巢，故莲子在宋代别名蜂儿。"拣"是宋人白话，意思是加工处理，拣蜂儿就是剥出来即食的莲子仁。

2.番葡萄。

3.香莲事件念珠：《梦粱录》中的《分茶酒店》一篇将香莲归入干果一类。"事件"原指动物内脏，比如羊事件、驴事件，这里指香莲的籽。

4.巴榄子：就是巴旦木，即扁桃仁，至晚于唐代由波斯传入中国。

5.大金橘。

6.新椰子象牙板：椰子肉。

7.小橄榄。

8.榆柑子：余甘子，能清热利咽、止咳化痰。

到这里，"初坐"阶段吃完。

总结一下该阶段，宋高宗吃了一肚子水果零食，大概肠胃已经有点儿不舒服了。

中场休息，宋高宗赏玩一番张俊府上的园林、字画，喘口气，稍歇一会儿，再回来吃第二部分"再坐"。

切时果一行——

1.春藕。

2.鹅梨饼子。

3.甘蔗：宋高宗眼巴巴等着热菜，然而上了一盘甘蔗。

4.乳梨月儿：切成月牙形的雪梨。

5.红柿子。

6.切牃子：橙子片。

7.切绿橘。

8.生藕铤子：生藕条。

时新果子一行——

1.金橘。

2.葴 [zhēn] 杨梅：竹签杨梅。

杨梅原产自中国，与荔枝一样，鲜果保存期短，在古代很难实现长途运输，当时北方人所食多为经盐津或脱水加工后的杨梅干、杨梅脯。当然，身居杭州的南宋皇室自然不愁没有新鲜杨梅吃。苏轼曾推荔枝为水果之王，但吃过杨梅后，发出了"闽广荔枝、西凉葡萄，未若吴越杨梅"之慨，在苏轼这位美食评鉴大家眼里，吴越杨梅俨然天下第一。

宋高宗面前林林总总的各种餐前水果，以偏酸性的居多，食之开胃，张俊真是考虑周到。不过皇上吃这么多酸的，不怕倒了牙，又或胃里发酸烧得难受，一会儿吃不下硬菜？

3.新罗葛：豆薯，又叫沙葛或凉薯，硕大的块根可供食用，生食脆甜多汁，做沙拉、炒肉，或包饺子，亦各有千秋。南方一些地区称其为"地瓜"，让不明真相的北方朋友一脸蒙：地瓜不是烤着最好吃吗？你们怎么生吃上了？

中国地域广袤，汉语分化出极其发达的方言体系，"同名异物"和"同物异名"屡见不鲜，多多少少造成了一些交流障碍。所以北方人来到南方菜市场买地瓜时，一定要说清楚，是买红薯，还是买豆薯。

4.切蜜葟：美国俄勒冈州东部马尔赫国家森林地下存活了大约两千四百年的蜜葟，其根系分布面积广达八百八十公顷，是已知当前世界最大的生物。张俊当然没办法去北美把蜜葟切一块回来，此处蜜葟是指一种柑橘。

5.切脆帐：还是橙子片。

6.榆柑子：余甘子。

7.新椰子。

8.切宜母子：柠檬片。宜母子即柠檬，孕妇喜酸，故名。

9.藕铤儿：还是藕条。

10.甘蔗柰香。

11.新柑子。

12.梨五花子：梨拼盘。

接下来，把之前上过的"雕花蜜煎一行"和"砌香咸酸一行"又上了一遍。

下面这轮还是点心。

珑缠果子一行——

制糖业经唐代嬗变，到两宋进一步发展，四川遂宁的蔗糖独步天下，岁贡糖霜千斤。这里的珑缠就是点心蘸裹糖霜的工艺。

1.荔枝甘露饼：荔枝为馅儿、撒以糖霜的糕点。清代的安徽天长地区流行一种甘露饼，以糯米粉、白糖、青梅丝为主料，不知与宋高宗咀嚼的这道甘露饼有无承递关系。

2.荔枝蓼花：蓼花工艺制作的荔枝味点心。蓼花类点心直到今天依然常见，例如陕西地区的传统甜食蓼花糖，看上去像常见的江米条，金黄表皮上挂满芝麻和糖霜，咬开便可见香糯的糖心。东南千里外的福建仙游人会制作一种相似的糕点，用糯米、碱、蔗糖、麦芽糖炸出糖坯，同样会在外层裹以"蓼花米"。中国南北方迥异的饮食文化在这道食物上体现出高度统一。宋代民间，枣、荔枝、蓼花同吃，还有取"早离了"的口彩之意，祝学生早日离开学校。

3.荔枝好郎君：《东京梦华录》中有一道"郎君鲞 [hòu]"，其实就是腌黄鱼，而"荔枝好郎君"则系盐渍荔枝的美称。

由于荔枝变色变味极快，储存荔枝、延长保质期就成为当时水果爱好者的重点研究课题，北宋书法大师蔡襄的《荔枝谱》简要提及了红盐法和蜜煎法两种贮藏荔枝的技术。今人将荔枝泡在酱油里的吃法并不罕见，有兴趣的朋友不妨试试荔枝蘸盐是什么味道。

4.珑缠桃条：糖霜桃条。

5.酥胡桃：常见零食，也叫作糖酥核桃或琥珀核桃，做法简单，烘干核桃仁，投入熬制的糖浆，撒芝麻，放凉即食。

有段时间，以糖酥核桃为主材的西北特色点心玛仁糖曾经掀起轩然大波。然而任何争端和摩擦都不会妨碍人类向往美食，"有时间一起吃饭"大概是中国人说得最多的许诺，不管兑现率如何，在久远的时代，一起吃饭作为生存机会的共享行为，即使放到现代社会，依然继承着超越食物本身的情感诉求。

6.缠枣圈：枣去核切片，蘸糖。

7.缠梨肉。

8.香莲事件。

9.香药葡萄。

10.缠松子。

11.糖霜玉蜂儿：糖霜莲子。

12.白缠桃条。

接着又上了一轮肉干，与"腊脯一行"相同。

至此，即使不算重复的三巡，也已经端上了九十二道冷食，宋高宗可能已经有点儿吃不下了。

就在这个要紧的关头，热菜终于登场。

宋代人吃饭习惯用碗、盏，而非盘子作为菜肴容器。此处的盏作为量词，每盏包括两道菜。

下酒十五盏——

第一盏

花炊鹌子：《射雕英雄传》里郭靖、黄蓉初会，黄蓉刁难酒家，报出一连串菜名，打头一样下酒菜便是花炊鹌子，当年金庸先生灯下奋笔之时，大概也参考了张俊请客的食单。

鹌子当然就是鹌鹑，菜名花炊有两种解释：一是烹制过程中可能用到了花瓣，古代江南人食花的例子并不少见，加入花卉，不仅可以赋予食物异样的芬芳，而且尤显得食客风流雅致；二是可能指花式烧鹌鹑，"花炊"言烹饪手段之新颖精彩。

荔枝白腰子："荔枝"是指猪腰片花刀，腰片受热后自然卷起，表面呈一粒粒形似荔枝球面表皮的颗粒状，实际上并不放荔枝。不过考虑此前荔枝已经多次露面，而张俊惯会揣摩圣意，大约宋高宗也嗜吃荔枝，所以菜如其名，做成糖水荔枝腰子也合情合理。

第二盏

奶房签：签是食材剁碎、卷馅儿油煎的菜式，宋代非常流行。签菜一直活跃到今天，如蛋皮卷肉、肝签。之前我们提到过"八珍"之一的肝膋，正是肝签的雏形。

有些签菜对于食材要求很高。羊头签，制作只取羊脸肉，"羊头签止取两翼，土步鱼止取两腮"。蝤蛑签，只用青蟹两螯肉做馅儿，吊蛋皮，卷馅儿油煎，切块。若是肝签、羊头签，可佐椒盐；若是蝤蛑签，则佐醋、橙皮丝。蛋皮浓香，蟹螯肉鲜美，醋橙醇酸，共同组成美艳奇绝的味道，在舌尖绽放只是一瞬，却不妨碍化作文字，传为永恒。

三脆羹：三脆是什么已不可考。南宋人林洪著有一部清奇脱俗的菜谱《山家清供》，书中收录了一道山家三脆，是为嫩笋、小蕈子、枸杞菜。今天，炒三脆则变成了猪腰子、鱿鱼、海蜇头。

第三盏

羊舌签：签菜中用来包裹食材的外皮可以是鸡蛋糊、肠衣、面粉，甚至水果皮，不同材料相遇，激发出迥异的精彩。宋人南迁，鹿肉供给已经不及唐代丰足，为了保护农耕，全社会不提倡杀牛，再加上皇室的推崇，整个上流社会的食用肉类，羊肉占比大大提高。

萌芽肚胘：萌芽谓初生，肚胘则是百叶，萌芽肚胘就是动物幼崽（牛、羊、猪）的胃。《礼记》为君子们定了一条规矩："君子不食圂腴。"也就是君子不吃动物肠胃。但到了唐宋，连皇帝都全无顾忌，大吃特吃，更遑论寻常的"君子"们了。

第四盏

肫掌签：肫特指禽类的胗、胃，这道菜所用多半不是鸡肫，否则应叫作肫爪签。去骨鸭掌、鸭胗、冬笋、韭芽剁碎勾芡成馅儿，用豆皮包裹起来，浇鸡蛋糊，油炸至金黄，取出切段。

鹑子炙：烤鹌鹑。

第五盏

肚胘脍：生百叶切薄片。

鸳鸯炸肚：两种方式烹制的炸肚。

第六盏

沙鱼脍：沙鱼刺身。沙鱼就是鲨鱼，宋朝人吃鲨鱼主要吃鱼皮和鱼唇。

炒沙鱼衬汤：随着宋代冶铁工艺的进步，铁锅这一划时代的神器终于可以量产，中餐迎来烹饪革命，炒菜出现了。单论口福，宋高宗无疑比李显幸运得多，可怜李显身为九五之尊，为了吃饭不惜徇私，落下一个"不知创业之难，惟取当年之乐"的名声，却连炒菜的滋味都未曾领略。

第七盏

鳝鱼炒鲎：鲎是一种模样古怪、像巨型甲虫的海洋生物，富含铜离子的蓝色血液是天然的生物检测剂，对大肠杆菌等细菌极度敏感。医药和食品行业从鲎血液中提取的凝固蛋白原能够检测到万亿分之一的毒素污染，当细菌侵入鲎血液时，鲎会分泌凝固蛋白原封印入侵者。

中国部分地区至今视鲨籽（卵）为美食，摊贩当街悬挂叫卖，有红烧、葱油、整只煮不同吃法。在中国，可供食用的鲨多为中华鲨，与另外一种有剧毒的圆尾鲨外观不易辨别，常发生中毒事件。这道菜相当怪诞，未必珍奇，却着实猎奇。

鹅肫掌汤齑：鹅肫、鹅掌炖菜。

第八盏

蟹酿橙：从北宋起，士人嗜蟹的馋相遍见诗文笔记。梅尧臣《送傅越石都官归越州待阙》："食蟹易美粳易饱，绿橘佐酒柑佐醉。"欧阳修《病中代书奉寄圣俞二十五兄》："是时新秋蟹正肥，恨不一醉与君别。"苏门四学士之一的张耒晚年深为风痹症所苦，这种病忌食性寒之物，但张耒却嗜蟹如命，每天坐在那里，剥栗子似的不声不响慢慢剔满一大杯蟹肉，继而一次性吞入，图个痛快。

南宋水产资源丰富，此次筵席的正餐部分，水产占据半壁江山，蟹酿橙更是将螃蟹同橙子的默契一直延续到现代人的餐桌上。蟹酿橙这道菜亦见宋代文人雅士菜谱《山家清供》。其法用菊桂之季的大闸蟹，冷水入锅大火蒸制，二十分钟后，剥取全蟹粉，也就是蟹黄、蟹膏和蟹肉。经过姜末、白糖、盐和黄酒的提鲜，煸炒后的全蟹粉填入剜空的橙子中，再次上锅蒸三至五分钟。蟹肉的鲜美充分吸收了橙皮的清爽酸甜，江海与山林在水火交融中完成合作，形成奇异的口感。

水火蕴藏着烹饪的智慧，蟹酿橙成功与否，三次入锅，火候很关键。中餐烹饪没有精准的时间计量，拿捏火候全凭司膳者的经验和感觉。欠，则为山止篑；余，则过犹不及。烹饪之道正是儒家"允执厥中"之道。

奶房玉蕊羹：奶房熬玉蕊花羹。唐宋之际，玉蕊花享有盛名，然而后世张冠李戴，以讹传讹，硬生生将这种植物混淆了，今天已经无法确考玉蕊究竟是指哪种植物。

第九盏

鲜虾蹄子脍：明代以前，肉类和水产生食在中国人餐桌上占有一席之地。肉片、鱼片统称为"脍"。这道鲜虾蹄子脍取新鲜活虾和猪蹄，快刀批为薄片，根据口味，蘸或酸或辣的佐料进食。

南炒鳝：南宋是南北文化大融合的朝代，饮食文化也不例外。宋高宗朝，北菜进入南方为时尚短，南北之分犹自明显，随着时间的推移，这样的分野渐次消失。这道南炒鳝正是地道的南方菜，因为高宗本人长期生活在北方，故特意指出"南方烹炒工艺"，可见与之相对地，当时也必然存在北法炒鳝鱼。

第十盏

洗手蟹：宋室南渡，故都汴梁的一些手艺人，包括大批膳师，随同南迁，将北方厨艺带往江左，天下名厨名菜堂集临安。同上一盏南炒鳝相对应，洗手蟹是正宗北菜。宋人祝穆《事文类聚·介虫·蟹》："北人以蟹生析之，调以盐梅芼橙椒，盥手毕即可食，目为洗手蟹。"因为做法简单，洗个手的功夫就做好了，即刻可食，故名洗手蟹。

《浦江吴氏中馈录》介绍了详细做法：蟹剁碎，麻油熬熟、放凉，草果、茴香、缩砂仁、花椒、姜、胡椒诸味研末加入，再加葱、盐、醋，拌匀，与蟹共计十种食材，即食。洗手蟹使用生蟹，因此也叫作"蟹生"，在今天的浙江常见。制作此味讲究取材新鲜，绝不可用死蟹。即便如此，外地人吃洗手蟹还是很容易引起肠胃不适。

鲟鱼假蛤蜊：鲟鱼即鳜鱼。宋代，以素代荤、弃荤茹素的饮食观和烹饪工艺已经出现，汴梁、临安酒肆餐馆中就有假羊、假鸭、假驴、夺真鸡这类仿荤菜。按照一般考证，这道菜大概是用鳜鱼做成蛤蜊的样子。但不排除"假"是失传或失考的烹饪工艺，因为犯不上拿鱼肉假扮蛤蜊肉，尤其后面的"猪肚假江珧"——江珧柱被中国历史上食神级的苏东坡誉为天下最好吃的三种东西之一，江南又不缺贝类，张俊没有理由用猪下水仿造江珧柱给皇上享用。

第十一盏

玉珍脍：《射雕英雄传》中的洪七公奄奄一息之际交代一桩未了心愿，那就是再吃一回大内御厨的鸳鸯五珍脍，但何者为五珍，书里不注，就无从考据。

螃蟹清羹。

第十二盏

鹌子水晶脍：鹌鹑肉冻切片。《事林广记》中一道鱼汤做的水晶脍可资参照："赤梢鲤鱼，鳞以多为妙。净洗，去涎水，浸一宿。用新水于锅内慢火熬，候浓，去鳞，放冷，即凝。细切，入五辛醋调和，味极珍。须冬月调和方可。"鱼冻调入佐料。当时的冷冻，除北方寒日户外放置可以自然凝结，南方或天气炎热时，多悬吊在水井里为食物降温。

猪肚假江珧。

第十三盏

虾怅脍：虾刺身，配合橙子片享用。

虾鱼汤齑：虾鱼汤加入捣碎的姜、蒜、韭菜末。穷苦人家没什么好的菜下饭，一碟菹、齑，陪伴两餐。

北宋名臣范仲淹童年家贫，每日所食只是凝结的冷粥和菜齑（碎咸菜）而已，一罐冷粥分成两份，当作午餐和晚餐。最终，范仲淹以寒门拜相，位极人臣，"划粥断齑"的典故也传为千古佳话。喝粥吃齑是当时贫民的生活写照，安贫乐道，也常说"齑盐自守"。御宴上出现这个，则纯粹为了调味。

第十四盏

水母脍：海蜇刺身。

二色茧儿羹。

第十五盏

蛤蜊生：蛤蜊肉剁碎拌入佐料，与洗手蟹相似。

血粉羹：街边小吃，临安早市上就有羊血粉羹卖，皇上深居阆苑，平时反而未必吃得到。

下酒菜告一段落，下面插播一轮。

插食——

1.炒白腰子：据说宋高宗年轻时，有天夜里，骤闻门外喧哗，四处有人叫喊："金兵打来了！"高宗受到惊吓，从此阳道衰废。于是张俊疯狂地给皇上吃腰子。

2.炙肚胘：烤百叶。

3.炙鹌子脯：煎鹌鹑肉干。

4.润鸡：闽南地区有一道菜叫"润饼菜"，常在清明时节吃。极薄的熟面皮包卷着春笋丝、猪腿肉丝、蚵煎、韭黄、豆芽、鱼丸片、虾仁、香菇、花生粉、砂糖粉，一张小小的面皮拥有几乎囊括天下食材的能耐，有如佛家的纳须弥于芥子，山肤水豢汇集一堂，一口下去，咬穿了四季山河的丰富味道。

宋朝的润鸡究竟是什么已无从稽考，只好从今天传统食单里按图索骥，也许这样牵强的测度谬以千里，但我们钩沉古籍，寻找古味，不止为还原，更为了留存、提醒和致敬。

5.润兔。

6.炙炊饼：馒头干。看到这里，大家可以发"皇帝吃得也不过如此"的朋友圈了。

7.不炙炊饼：蒸馒头。

8.脔骨：切块的肉骨头。

欢乐的时光总是过得太快，又到了要结束的时间。压轴菜亮相，司膳们的看家好菜终于出手。

厨劝酒十味——

1.江珧炸肚。

2.江珧生：与蛤蜊生工艺一致，江珧柱就是江珧的后闭壳肌，剁碎调味。

3.蝤蛑签。

4.姜醋香螺。

5.香螺炸肚。

6.姜醋假公权。

7.煨牡蛎：文火慢烧的牡蛎。

8.牡蛎炸肚：看来宋高宗完全不在意什么"君子不食圂腴"，反而很喜欢吃百叶。

9.假公权炸肚。

10.蟑蚷炸肚：蟑是蟑螂，蚷是马陆。

即使我国食虫传统悠久，如蝉、蚕蛹、龙虱……好像一般也不会吃蟑螂和马陆吧！尤其马陆，那么多脚，完全看不出有肉可以吃。所以，不排除后人缮写时抄错字，将"蟓蚷"抄作"蟑蚷"。

宋高宗出来这一趟都吃了一些什么乱七八糟的，怪不得当了皇帝后，只在大臣家吃过两次饭。

这次请客，宋高宗共计享用菜肴196道，其余侍臣、随从亦各有不同的规格招待。

最高规格供给宰相秦桧的是：烧羊一口、滴粥、烧饼、食十味、大碗百味羹、糕儿盘劝、簇五十馒头（血羹）、烧羊头、杂簇从事五十事、肚羹、羊舌托胎羹、双下大膀子、三脆羹、铺羊粉饭、大簇钉、鲊糕鹌子、蜜煎三十碟、时果一盒、酒三十瓶。

最低规格供给太监的是：食各五味、斩羊一斤、馒头五十个、角子一个、铺姜粉饭、下饭咸豉、各酒一瓶。

清河郡王破费无算。

山外青山楼外楼，西湖歌舞几时休。那是岳飞被杀第九年，韩世忠逝世第二个月。

历史上，执政早期英明的帝王往往难逃"靡不有初，鲜克有终"八字。

宋高宗历亡国颠沛之苦，逃亡路上，只能用破瓦盂吃温水泡饭。他虽非英主，也未必怀有勾践那般卧薪尝胆的魄力和卷土重来的志向，践祚之初，也还记得国耻家恨；创业维艰，也还懂得戒奢省费，躬行俭德。早晚用膳，所谓上方玉食，不过面饭、炊饼和煎肉而已。膳罢，就在一张白木桌前办公，桌上除了笔砚文牍，别无他物。

但骨子里的软弱非一时自励可以移易。《宋史》指出："高宗南渡，虽失旧物之半，犹席东南地产之饶，足以裕国。"东南财富的底气、北地义军的浴血、朝中主战派的疾呼毕竟未能振奋高宗的精神。

绍兴和议落定，高宗向日仅存的克己之心也日渐消磨在山温水软之中。所谓"宴安鸩毒"，士大夫安于江左，君臣溺于宴乐，文恬武嬉，曾不顾国事蜩螗。而上行下效，民风亦复疲弱，"太平气象"之下，人人暖风熏罪，略无纛纬之念。

京洛风华绝代人，化作西楼一缕云。生在这样的大宋，不知幸耶？悲耶？

"华夏民族之文化，历数千载之演进，造极于赵宋之世。"这片土地上，无数公卿屠沽曾骄傲地活着，秦楼楚馆间，朱门绣户外，镌刻着他们的锦绣梦想和华彩人生。昔日繁华旧梦，今已尽为尘烟。八百年后，再回望灯火阑珊的煊赫王朝，一声喟叹，五味杂陈。

中国饮食文化历史悠久，博大精深，在这份膳单的字里行间可见一斑。然而，那席山肤水豢，纵然千滋百味，终不过昙花一现，酒阑人散，归为埃土，唯独一味辛辣的讽刺冲破歌舞迷离，撞响了王朝的丧钟。

明朝宫廷伙食

明朝的御膳备办，外归光禄寺采购食材，内由尚膳监、尚膳局、甜食房等具体制作、试吃和进呈。

汉朝，"光禄"这个机构是给皇宫看大门的，南北朝才插手宫廷饮食，那时候，"不想当厨子的士兵不是好门卫"可不是玩笑，厨子烧菜烧不好，没准儿部门内部调个职，就将其撵到门禁上职守护卫喝西北风去了。

到隋朝，光禄寺不必再看大门，专掌祭祀、宴会及朝会酒食供设。前面宋朝天子大宴群臣的寿宴菜肴就是光禄寺出品，假如觉得不好吃，官员也不必急着心疼皇上，"圣上天天就吃这玩意儿？

还不如我老婆烧的菜好吃！"光禄寺管的是供办酒席，做的都是大锅菜，而非皇上日常私馔。皇上用的小灶御膳另由其他部门提供。

明朝也是如此，永乐十三年（1415），明成祖朱棣寿诞，赐宴群臣，光禄寺照规矩为臣工提供了五种规格的套餐。

上桌：五种酒、五种果子、茶食、烧炸凤鸡、双棒子骨、大银锭、大油饼、三种汤、双下馒头、马肉饭。

上中桌：四种酒、四种果子、烧炸、银锭油饼、双棒子骨、汤三品、双下馒头、马肉饭。

中桌：四种酒、四种果子、烧炸、茶食、汤二品、双下馒头、羊肉饭。

僧官的素餐：五种酒、果子、茶食、烧炸、汤三品、双下馒头、蜂糖糕饭。

将军：一种酒、寿面、双下馒头、马肉饭。

这些东西看上去均没有什么出奇之处，即便是皇帝在宴会上的食馔，号称"炮凤烹龙"，实际也不过以雄鸡为凤，宰杀白马代龙而已。饶是如此，国宴毕竟体制所关，够资格与会的官员有限。

与前一章宋朝那些应该参加却无故未到的官员相反，据《明英宗实录》记载，英宗正统九年（1444）春宴，指挥使李春、指挥佥事王福两个本来没资格出席的人，不知是眼热、好奇，还是搭错了哪根筋，居然混了进去，杂坐在其他官员之间，有说有笑，大吃大喝，最后被礼部抓了个正着，移交法司，治了大罪。这等迷惑行为真令人满头雾水。

光禄寺还负责监制御膳，准备祭祀供品，为朝会大臣、参加殿试的考生、加班修纂史书的史官、太监、宫女和侍卫提供工作餐，以及总掌整个宫廷的饮食材料采购。

推原论始，给朝臣配工作餐这件事能追溯到春秋时代。

据《国语·楚语》记载，楚国重臣、典故"毁家纾难"的主角斗谷于 [wū] 菟 [tú] 高风亮节，为纾解国家贫弱局面，捐献了自己的全部家产，他自己穷得吃了上顿没下顿。楚成王知悉后，每于朝见之际，预备一捆干肉、一筐干粮让他带回家，免得国家良臣被活活饿死。后来这一制度成为楚国令尹一职的常规福利。

唐代，自太宗贞观朝起，每天早朝退朝，赐百官饮食，称为"廊下食"。宰相退朝之后，返回"政事堂"办公，宫里还会另送一份午餐。这份午餐特别丰盛，几个宰相根本吃不了，有些清慎俭素的相国提请裁减，还被同僚反对，说做官做到宰相，就应该享受这个规格的伙食，所谓"陈力就列，不能者止"，有能耐吃这碗饭，只管问心无愧地吃，要是觉得当不起，那您辞职，但别辞掉这份膳食。

明朝也给内阁供餐，阁臣都在阁中吃饭，但不许饮酒。另外，每逢过节，大明朝廷还会贴心地为早朝臣工安排节令食物，皇上生日这天赐寿面，立春赐春饼，元宵赐汤圆，四月初八是"不落夹"，端午赐粽子，重阳赐糕。这些都是光禄寺的差事，预先奏请皇上，是日早朝结束覆奏，朝罢赐食。

朝臣的工作餐成本开销还算有限，明朝光禄寺最大笔的开销当数太监、宫女的伙食。明朝的太监、宫女很可能是历朝历代最多的。

康熙四十八年（1709），发上谕举明末的例子说，明朝宫廷使费奢靡，一日之费就抵康熙朝一年的宫廷支出。何以耗费如此之巨？因为明朝宫女多至九千人，太监更是达到十几万人，每年仅是采办脂粉钱，就需四十多万两银子，据说上好的"红螺炭"一个冬天用掉上千万斤。

太监人数太多，职司分散，难免统计遗漏，光禄寺手里的人员数据无法保持及时更新，伙食有时预备得多，有时预备得少。预备多了，有人捡个便宜多吃几口，还不怎么样；预备少了，不能遍给，就有太监被活活饿死，这样的惨剧几乎每天都会上演。另一份资料记载，李自成攻陷皇城，"中珰（宦官）七万人皆哗走"，那么即使到崇祯之末，宫中太监至少尚余七万多人。

要为这几万到十几万张嘴做饭，光禄寺的厨师团队自然异常庞大。明朝光禄寺的主要下设部门为四署，大官署负责祭品、宴会，良酝署负责酿酒，掌醢署负责油料和调味品，珍馐署具体掌勺。明神宗万历初年，仅一个珍馐署，供职的厨师就达八百五十五人，整个光禄寺人员超过三千四百人。这还算少的，成化年间，光禄寺差役约七千八百人。永乐后期，人数超过九千四百人。上千厨子终日烈火烹油，煎炸蒸煮，油烟之气上冲霄汉。哪天皇上兴起，到珍馐署大厨房视察一圈，回宫洗脸，没准儿能刮下半盆油。

这么多的男男女女关在紫禁城里，要说擦不出点火花，谁也不信。于是太监和宫女有的会结成一种假夫妻关系，他们可同桌进餐，所以称为"对食"，摆脱了单身境遇的太监称为"菜户"。

宫女、太监的伙食标准均按品级划定，不同品级享受不同的分例待遇。比如有的宫女分例每月二两银子，光禄寺就照每个月二两银子的成本供应伙食。结成对食后的太监和宫女可按分例领取食料，自行开伙。单身的低级太监则拼桌吃饭，光禄寺以"桌"为单位送饭。一桌三钱银子的员工餐，可以吃到十一斤猪肉、一只鸡、四两香油、一钱花椒、五分胡椒。高级宫女和太监的伙食就极为充裕了。负责给皇上戴帽子的"尚冠"太监每天能拿到二十只鸡。资深宫女或皇上的乳母、保姆可获封"夫人"。

万历年间，一位名叫任寿喜的夫人每日的分例包括十斤猪肉、十斤羊肉、一只鹅、两只鸡、四个猪肚、两斤白面、三两香油、三斤八两面筋、四连豆腐、二两黑糖、一斤胶枣、一斤豆菜。这么一位夫人，每月的分例银子将近三十两，像她这样的夫人，当时有二十二人，一个月支出的银款就有六百多两。如此铢积寸累，十几万宫人的总开销之巨不言可知。

明朝的光禄寺好似清朝的内务府，是朝廷一大弊薮所在。尽管《大明会典》规定，光禄寺必须将每月支出的明细账目呈送御览，光禄寺的出纳记录也确实细致到了每一个宫女太监，精确到了银两的小数点后六位。

然而自古以来，举凡手掌采购大权的部门，很难杜绝弊窦，账目可以做手脚，上司和皇上可以"欺之以方"。

光禄寺琐吏冗滥，物资经手人太杂，舞弊花样多得是。最直接的如管仓储的监守自盗，几个关键职位的职司人员串通一气，收到地方上缴入库的物资后吞没瓜分，却说没有收到，要么说缴纳之数不足，要纳户补缴。假如觉得偷盗风险太大，不妨以物资质量不佳为由拒绝接收，那么解差只能滞留在京，交不了差事，不送一笔不菲的"关节"，不能了结。管买办的人到民间采买，授意供货商虚开报价，一百两银子的报销一百五十两，那五十两余数便自己笑纳了。倘若商家不识抬举，买办者抬出为宫里办事的大帽子，硬赊了货物去，货款却迟迟不付，留在自己手里动用生利息，商家被拖得破产也无处申诉。

退一步讲，即使国法伸张，保护商家免遭强赊硬欠，光禄寺的买办也另有手段对付你，譬如硬派给商家无力承担的大量采购订单，压缩供货时限，逼得商家死去活来，除了乖乖就范，陪着买办沆瀣一气，简直别无他法。至于以次充好、偷工减料，更为惯用伎俩。这些人舞弊成风，胆大包天到连皇上的食材都敢换成下等货色。

明世宗嘉靖皇帝成天深居修仙，不怎么临朝理政，光禄寺便觉得皇帝是个好糊弄的主儿，御膳食材草草供应。到了年底报账，账单拿到御前一看，仅膳食一项居然花了三十六万两。就算嘉靖帝修仙养气的功夫再好，此时也憋不住了，召集内阁班子，啪啪摔着账单，劈头盖脸一通"吐槽"："朕在宫里修仙几十年不出去了，各种宴会停办了二十年，朕又不是后宫佳丽三千，嫔妃总共十几个，能费几个钱？朕的日常御膳用料之劣，狗都不吃！十坛供品的量还不及一餐茶饭。就这样，还花了三十多万两？朕实在想不明白，如此巨款，到底都花到哪里去了！"

那时的膳食年度开支以二十四万两为额定上限，明宣宗以前，每年花费不过十二三万，嘉靖帝连宴会都不办，支出反而激增，谁都看得出不对头。给皇帝用劣质食材已是自取其祸，居然还敢漫天要价，侮辱皇帝智商，诚是可忍，孰不可忍，唯恐黄泉太遥。

皇帝每天吃饭的花销是有限额的，并不是想花多少钱就花多少钱、想怎么吃就怎么吃。当然，分例的上限极高，就算皇帝胃口再大，也断不可能吃完。实际上，只计皇帝一个人的常膳，花费还没有到穷奢极欲的地步。

明朝御膳与宋朝一样，很少搜求稀奇古怪的山海珍异，时人指出："今大官进御饮食之属，皆无珍错殊味，不过鱼肉牲牢，以燔炙浓厚为胜耳。"

除了御厨手艺比较出色，做的菜好吃一些以及消耗兼倍，食材品类比之民间殷实人家厨下所备差不了多少。以万历三十九年（1611）明神宗的御膳来说，日常供应包括：

猪肉一百二十六斤、驴肉十斤、鹅五只、鸡三十三只、鹌鹑六十只、鸽子十只、熏肉五斤、鸡蛋五十五个、奶子二十斤、面二十三斤、香油二十斤、白糖八斤、黑糖八两、豆粉八斤、芝麻三升、青绿豆三升、盐笋一斤、核桃十六斤、芦笋三斤八两、面筋二十个、豆腐六块、腐衣二斤、木耳四两、麻菇八两、香蕈四两、豆菜十二斤、茴香四两、杏仁三两、砂仁一两五钱、花椒二两、胡椒二两、土碱三斤。均为常见食材，全无出奇之处。

这些东西成本共计十六两银子，月支出四百六十八两有余。

皇太后的供应更丰厚一些，此孝道使然。种类，特别是蔬菜较御膳为多，可能与万历皇帝的生母李太后个人喜好有关。

慈宁宫膳。猪肉一百二斤八两，羊肉、羊肚、肝等共折猪肉四十斤，鹅十二只、鸡十六只、鹌鹑二十只、鸽子十只、驴肉十斤、熏肉五斤、猪肚四个、鸡蛋二十个、面二百九十六斤、香油四十六斤、白糖三十八斤、

黑糖六斤、奶子六十斤、面筋二十三个、豆腐十块、香芹二斤八两、麻菇二斤八两、木耳二斤、芦笋三斤、石花菜一斤、黄花菜一斤、大茴香四两、盐笋四斤、水笋十三斤、小茴香四两、花椒二两、胡椒六两五钱、核桃三十斤、红枣二十二斤、榛仁三斤八两、松仁十两、芝麻二斗六升、赤豆一斗二升、青绿豆一斗四升、土碱二十二斤、豆菜四斤、葡萄六斤、蜂蜜二斤、甜梅六两、柿饼六两、山黄米四升、醋二瓶。

扬州人黄一正编成于万历年间的《事物绀珠》，将御膳分门别类。

总结其面点有：燃尖馒头、八宝馒头、攒馅馒头、蒸卷、海清卷子、蝴蝶卷子、大蒸饼、椒盐饼、豆饼、澄沙饼、夹糖饼、芝麻烧饼、奶皮烧饼、薄脆饼、梅花烧饼、金花饼、宝妆饼、银锭饼、方胜饼、菊花饼、葵花饼、芙蓉花饼、古老钱饼、石榴花饼、金砖饼、灵芝饼、犀角饼、如意饼、荷花饼、枣糕、肥面角儿、白徽子、糖徽子、芝麻象眼减炸、剪刀面、清风饭、鸡蛋面、白切面。

汤：牡丹头汤、鸡脆饼汤、蘑菇灯笼汤、猪肉龙松汤、猪肉竹节汤、玛瑙糕子汤、肉酿金钱汤、锦丝糕子汤、珍珠糕子汤、木樨糕子汤、锦绣水龙汤、月儿羹、酸甜汤、葡萄汤、柿饼汤、枣汤、豆汤。

荤菜：风天鹅、风鹅、风鸭、风鸡、风鱼、棒子骨、烧天鹅、烧鹅、白炸鹅、锦缠鹅、清蒸鹅、暴腌鹅、锦缠鸡、清蒸鸡、暴腌鸡、川炒鸡、白炸鸡、烧肉、白煮肉、清蒸肉、猪屑骨、暴腌肉、荔枝猪肉、燥子肉、菱角鲊、鲟鳇鲊、馕鱼、蒸鱼、暴腌肫肝、煮鲜肫肝、五丝肚丝、蒸羊。

当然，选材虽非尚稀求异，暴殄之巨，亦属靡费。皇帝号称真龙，可到底不是真正的神龙怪兽，人类食量再大，即使加上钦赏嫔妃臣僚，一顿饭也万万吞不下一百多斤猪肉、三四十斤糖。然而与富家巨室的挥霍相比，天子衣食用度又显得稀松平常了。明人谢肇淛在《五杂俎》中记载：

今之富家巨室，穷山之珍，竭水之错，南方之蛎房，北方之熊掌，东海之鳆炙，西域之马奶，真昔人所谓富有小四海者，一筵之费，竭中家之产，不能办也。

先大夫初至吉藩，过宴一监司，主客三席耳，询庖人，用鹅一十八，鸡七十二，猪肉百五十斤，它物称是。

一顿饭，三个人，用一百五十斤猪肉、七十二只鸡、十八只鹅，比之御膳标准不遑多让，熊掌、鲍鱼之山珍海错更为御膳难致。大抵在嘉靖以后，此等情形愈演愈烈。

明朝中后期的皇帝一个赛一个不理朝政，原因也一个比一个古怪。明武宗正德帝耽乐豹房，没事喜欢玩角色扮演，给自己封官御驾亲征，最后为了扮演渔夫，从船上失足落水，染病而死；明世宗嘉靖帝在位后期一心长生不老，在他的离宫别苑闭关炼丹修道；明神宗万历帝享国最久，而数十年不上朝，动机很简单，居然是因为懒；明熹宗文化程度不高，与世宗、神宗没心思视朝不一样，他是真的不会做皇帝，奏折都看不明白，怎么处理政事他也不懂。老天爷给他的天赋全放在了做手工、做木工活上，于是专宠魏忠贤和乳母客氏，他自己百事不理，闭门画图纸，拆房子、造房子，锯木头上漆做家具，全心全意地当他的木匠。

明熹宗的生母王氏早薨，父皇明光宗又因为吃了"仙丹"而暴毙（即明末三大案之一的"红丸案"）。明熹宗年少践祚，身处波诡云谲的宫斗旋涡，无所怙恃，他自己又是个懵懵懂懂、没什么主意的人，自然而然会倒向他所亲近之人。明熹宗亲近之人就是乳母客氏和魏忠贤。客、魏二人秽乱宫禁，摆布天子，史书多载。

深宫的秘辛内幕本来不易泄露，一方面，宫廷关防严密，外臣无从窥探；另一方面，宫女太监多半目不识丁，就算有心记录，也写不出来。从明宣宗宣德四年（1429）起，情况不一样了，这年，朝廷开了一个内书堂，也就是太监学校，准许太监上学读书，明朝的太监开始识文断字，晓谙典故，很多宫闱秘闻得以形诸笔墨，流传后世。

太监没有未来，人生最热切的追求无非享受当下，历史上许多臭名昭著的"巨阉"疯狂敛财，大概为此。又以众所周知的生理缺陷，天伦之乐无缘体味之故，许多有权有势的太监移情于起居服食，其中对于饮馔一道尤为注重。

明熹宗朝有个太监就写了一本《酌中志》，后世又称《明宫史》，除了披露客、魏丑闻，还记载了大量皇帝和宫人的饮食宴乐细节。

此书作者名叫刘若愚，他自称在十六岁那年做了一个怪梦而选择自宫，不知是梦到了什么奇特的事情，竟行此极端之举。刘若愚从小读书，文字功底扎实，远非那些一把年纪才去上学的太监可比。刘若愚入宫后得到魏忠贤阵营的赏识，派他负责刀笔文牍。崇祯初年，魏忠贤倒台，刘若愚因为同魏忠贤的人沾带关系，被逮捕下狱，拟"大辟"，也就是死刑。刘若愚害怕得不得了，在狱中疯狂书写，交代魏阉擅权逆状，剖冤明志，并且为了勾起明思宗的怀旧之情，极力回忆当年宫中生活，他写的东西编订成册，就是《酌中志》。

后来此书进呈御览，明思宗读罢，昔日皇兄明熹宗在位时的种种情境浮上心头，果然"戚然改容"，免了刘若愚的死罪。

《酌中志》录宫廷饮食，按时序下笔，从大年初一写起。宫里过年与外面差别不大，宫眷内监照样提前储备一二十天的食物，是为年货。除夕夜照样吃年夜饭，大饮大嚼，鼓乐喧天，通宵守岁。照样贴门神、挂桃木板辟邪。

大年初一早上五更天放炮仗，喝椒柏酒，下饺子吃，相互拜年。串门拜年，需要招待来客，招待的点心都装在一口大盒子里，叫作"百事大吉盒"。打开一看，柿饼、荔枝、桂圆、栗子、熟枣，井然环簇，喜气洋洋。另有一种小盒子，盛着驴头肉，当时以驴代鬼，吃驴肉叫"嚼鬼"，也是取一个辟邪的意思。正月初九开始吃元宵，连吃七天。宫里的元宵用糯米细面，内用核桃仁、白糖为馅，同民间所制亦没什么两样。

有时九城飞雪，明熹宗便难得地丢开锤头、锯条，从他的木工房出来，带着满头的锯末子，拥裘持樽，吃着烤羊肉和热腾腾的羊肉包子，喝着牛奶，暖室赏梅。寒风呼啸，躲在暖烘烘的屋子里撸羊肉串已足称享受。

明熹宗的享受当然远不止于此。每逢冬日，熹宗最常点的是烤蛤蜊、炒鲜虾、田鸡腿和笋鸡脯，又有一种佛跳墙似的杂烩，以海参、鲍鱼、鲨鱼筋、肥鸡、猪蹄筋，皆鲜劲丰腴之物烩在一处，为熹宗所嗜。

从御膳食材的品种来看，明熹宗天启朝不复明神宗万历朝那么克制，"珍错殊味"层出不穷。海参这种东西大概也是从明代起登堂入室的，《五杂俎》云："海参，辽东海滨有之，一名海男子，其状如男子势然。淡菜之对也。其性温补，足敌人参，故名海参。"那时努尔哈赤攻势正猛，金瓯崩残，沈阳、辽阳相继沦陷，辽东告急，熹宗不加措意，倒是辽东特产的海参，朵颐大嚼，丝毫没耽搁享受。

按照规制，海参、鲍鱼、鲨鱼筋这些食材也应当由出产地贡纳解交光禄寺，或光禄寺出面采购。明熹宗何以胆敢打破成规，公然搜罗稀奇食材享用，是否出自魏忠贤之辈的怂恿难说得很。熹宗从小到大吃乳母客氏做的"老太家膳"，他的膳食几乎由客氏一手包办，客氏与魏忠贤狼狈为奸，则此种猜测亦不无可能。

明熹宗饮食起居，客氏事事插手，明熹宗对她的依赖到了不可或缺的地步。后来朝中正直之臣强谏熹宗，请逐客氏出宫，熹宗不得已，从纳群臣之请，让客氏出宫回家，接着"思念流涕，至日旰不御食"，想奶妈想得以泪洗面，一天到晚饭都吃不下，朝臣总不能坐视皇帝绝食饿死，没办法，又把客氏接了回来。客氏发现皇上离不开她，越发嚣张跋扈，出入八抬大轿，数百护卫随从，太监宫女见了，要跪叩迎送，区区一介保姆，排场声势拟于王侯。

同样按照规制，御膳的具体烹制应归"尚膳监"负责。尚膳监名为"监"，也确实是一个太监衙门。该衙门凭票定期定量从光禄寺支取食材，付辖下御厨制作，不过也有例外。

明世宗嘉靖皇帝沉湎修仙，按照道家的规矩，某些时日只能吃素。嘉靖帝吃肉吃惯了，几天不见荤腥便浑身难受，又不好明着训斥御厨不做荤菜，毕竟是他自己下的吃素谕旨，唯有大动无明，骂光禄寺和尚膳监，说他们做出来的东西不是人吃的。

对于皇上的心思，通常以地位较高、侍候较近的太监最明白。满足这两个条件的太监首称三人：一是与内阁首辅抗衡、号称"内相"的司礼监掌印太监；二是替皇上批示内阁奏本的秉笔太监；三是东厂头子（常由秉笔太监之一兼任）。这三位仰体圣心，知道嘉靖帝想说又说不出口的需求是什么，把御膳制作的职事接了过来，在素菜烹制中，添入猪血、羊血，以及鸡、鸭、肘子熬制的清汤。

这般掩耳盗铃的"素斋"简直像哄小孩子吃药时先给颗糖丸一样，才使得"上始甘之"。嘉靖帝不横挑鼻子竖挑眼了，爱吃饭了，也不浑身难受了。只不过如此修道，漫说仙道缥缈虚妄，就算当真有能修成的神仙，以嘉靖帝的自欺欺人，也决计挨不着半分仙缘。

从此以后，御膳改由太监三巨头轮流备办，尚膳监权势不及这三位，眼睁睁看着自己的权力被夺，徒呼奈何。到天启年间，客氏加入进来，变成四方备办，原有的三大太监照旧轮班，只有客氏"常川供办"。这四批人马名正言顺地统率了经管造办膳食的几十名官员及数百厨役，俨然另行开设了四个新部门。

依然回到《酌中志》的记载上来。

二月初二在惊蛰前后，万物复苏，俗谚有云："二月二，龙抬头，蝎子蜈蚣都露头。"所以这天民间要"驱虫"。宫里吃的是油煎黍面枣糕，或者面糊摊的煎饼，也取名"熏虫"。

清明别称"秋千节"，自坤宁宫以下，各宫院内皆安装秋千，年轻妃嫔换上轻衫，丽质盈盈，巧笑嬉嬉，争簇秋千架。这时春江水暖，宫人吃河豚、饮芦芽汤。富贵人家修凉棚，赏牡丹花。明熹宗又钻出木工房，摆驾回龙观，晒太阳，赏海棠。

三月二十八，东岳庙进香，吃雄鸭腰子，滋补虚损，吃烧笋鹅、凉饼、糯米面蒸熟加糖碎芝麻的糍粑。

四月初八，除了吃笋鸡、白煮猪肉，还有一种改良款的糯米粽子，叫作"不落夹"，以及姜、蒜锉成豆大的小粒，同精肥肉拌饭，裹入宽大的莴苣叶，叫作"包儿饭"。

四月二十八，药王庙进香，吃白酒、冰水酪。取新麦穗煮熟，剥去芒壳，磨成细面条，名为"稔转"，皇上象征性地吃上几口，表示尝过了今年的五谷新味。这份作秀与每年正月带百官到田间扶犁装模作样走上几步，以示劝农的"亲耕礼"一样。

五月初五端午节，饮雄黄、菖蒲酒，吃粽子，吃加蒜的过水凉面，佩艾叶，赏石榴花。

六月初六，天气已经相当炎热，皇家图书馆的员工搬出庋藏图书，一本本摊开在太阳下暴晒，除潮气，杀蠹虫。

到立秋之日，戴楸叶，吃莲蓬、藕，晒伏姜，赏茉莉、栀子、兰、芙蓉。明熹宗爱喝鲜莲子汤，还喜欢嗑瓜子，当时向日葵自南美引进不久，葵花籽尚未流行开来，明熹宗嗑的乃是鲜西瓜子，加少许盐，焙干水分进呈。

七月十五中元节，西苑做法事，放河灯，京都寺院咸做盂兰盆追荐道场，甜食房进供佛波罗蜜。

甜食房是专做点心的御膳部门，当值者多为太监。熹宗朝的甜食房最擅长做一种叫作丝窝虎眼糖的点心，制成后用戗金盒盛装，送至御前。糕点之物较易保存，是故皇帝常拿来赏赐臣下。上用糕点的制法有的习自民间，有的却是秘传。《酌中志》称丝窝虎眼糖"造法器具，皆内臣自行经手，绝不令人见之"，"外廷最为珍味"，普天之下，除御赐之外，再也吃不到。

甫进八月，市面上便可买到月饼。中秋之日，宫里的对食之"家"，家家供月饼瓜果，候月上焚过香拜过月亮，开出酒席，大肆吃喝，只要不耽误当差，吃上一整夜也没人管。吃剩的月饼都收在干燥风凉之处，年底取出分食，叫作"团圆饼"。

桂月蟹肥，几户对食人家成群，攒坐共食。活蟹洗净蒸熟，吃完后，饮苏叶汤，用紫苏叶洗手去腥。不要说明太祖、成祖朝，就是万历年间，像这种太监宫女结为家庭聚会欢饮的场面被神宗撞见，一般的全数拿下乱棍打死，连"媒人"亦难逃株连。但到了熹宗朝，魏忠贤与客氏带头对食，宫人靡然向风，早就无人过问了。

九月，吃花糕，重阳日，"宅男"明熹宗难得爬一次山，吃迎霜麻辣兔、饮菊花酒。宫人开始糊窗子，抖晒皮衣，制衣御寒。

十月，吃牛乳、乳饼、奶皮、奶窝、酥糕、鲍螺、虎眼糖，菜肴转向温补，如羊肉、爆炒羊肚、麻辣兔。

这个时节昼短夜长，太监饱食逸居，下了班无所事事，出不了宫，宫里又不许乱溜达，回去睡觉又嫌太早，于是烧起暖烘烘的地炕，三五成群地凑在一起，像智能手机时代之前的学生宿舍，打牌、下棋、打双陆、掷骰子、喝酒打发时光，直闹到三四更才散场。这么折腾一夜，精力耗尽，方始睡得着。

刘若愚是个有文化的太监，特别瞧不上这些整天打牌喝酒的同侪，说此辈粗鄙无文，满口脏话，与市井流氓差不多。太监们聚在一起所谈的内容无非道人阴私短长，什么哪个宫女被主子罚了、谁丢了只猫狗、谁崴了脚、谁月事不调，谈来无不津津有味。有时喝得上头，一言不合便吵嘴，先是阴阳怪气，接着升级开骂，骂急了估量着打不过对方，便去寻个级别更低的小太监找碴儿出气，打得过的径直挥拳互殴。这些人秉性不同于常人，打过便算，平磕几个头，弹几滴眼泪，立即和好如初。

十一月，每天清晨吃辣汤，生爆肉，喝点小酒御寒。日常所食糟腌猪蹄尾、鹅脆掌、羊肉包子、饺子、馄饨，都是热腾腾的东西。

十二月，家家买腌猪肉，吃灌肠、油渣卤煮猪头、烩羊头、爆炒羊肚、炸铁脚小雀加鸡蛋、清蒸牛白、酒糟蚶、糟蟹、炸银鱼、醋熘鲜鲫鱼和鲤鱼。腊月初八喝腊八粥。

按照传统，腊月是祭祀之月。起初，"腊月"的"腊"字写为"蜡"，大概有人无法想象，"蜡"这个字的本义是"蛆"的意思。《说文解字》："蜡，蝇蛆也。"周朝设有一种职官，名为"蜡氏"，专门负责清理道路上的屎尿垃圾和掩埋倒毙于途的尸骸，由于天天与招了蛆的腐尸打交道，故而得名。用现代话说，这个官的字面意思就是"蛆长"。照此意思推演，腊八粥岂不成了"八蛆粥"？那是什么黑暗料理！当然，这样直接推演肯定是不对的，汉字一字多训，司空见惯，除了蛆外，"蜡"字还有一义，是指周王朝年终的万物大祭。

岁末闭藏之月，万物归根，天子要向神灵述职，汇报一年来执掌天下的工作情况，并报飨百神，奉上供品请天地鬼神吃饭。老话说，过年了，谁家不吃顿饺子。过年了，神灵们也得吃顿好的不是？《礼记·郊特牲》："天子大蜡八。"意思就是年终之际，天子准备丰盛的祭品，蜡祭八大神灵。念这句话时，礼赞官务必口齿清晰，念得音合字准，否则就成了"天子大喇叭"。

秦朝将"蜡祭""蜡日"之蜡改为"腊"字，并沿用至今。祭祀的对象也从神祇变成祖先。汉代的腊日并不在腊月初八，而在冬至后的第三个戌日，这是因为照五德始终说，汉朝属"火德"，火衰于戌，所以在气运最衰的那天用大祭找补上。至于腊日定在腊月初八，应该是南北朝兴起的，《荆楚岁时记》中已见"十二月八日为腊日"之语。不过官方因为要考虑五德属性，这个日子一直没个定准。譬如曹魏的腊日定在辰日、晋朝定在丑日、唐朝定在寅日，宋朝与汉朝一样，也是火德，又用回了戌日。改来改去，老百姓绕晕了，干脆不去管皇帝老儿哪天腊祭，只管认准初八这一天。《武林记事》："（腊月）八日，寺院及人家用胡桃、松子、乳蕈、柿栗之类作粥，谓之腊八粥。"

在宋代，佛教的粥和民间的腊八完成了绾合。沙门熬粥自具一套标准，《十诵律》规定了僧侣可食的八种粥：酥粥、油粥、胡麻粥、乳粥、小豆粥、摩沙豆粥、麻子粥、清粥。此外还规定，粥熟后竖着插入调羹，能竖立不倒，证明是浓粥，可供饱腹，准许食用；否则就是薄粥，稀汤寡水，不合僧饭。

佛教在天竺传播之时，僧人即以粥为食，传入汉地，一仍旧习。传说佛祖在腊月初八这天降伏六师外道，党徒皈依，他们的心灵被世尊开悟洗净，自愿洗涤身体以礼佛。后来僧徒认为，在这一天沐浴，能收到当日佛祖点化外道的格外加成，可以洗净尘垢，虚净法身，因此都赶在这天洗澡。同时用紫檀、甘松、郁金、龙脑、沉香、麝香、丁香等诸般名香煎汤灌洒佛顶，故名浴佛节。

浴佛之礼本来与印度炎热不无关系，传到中土，也一体遵行。由于仪式庄严隆重，是传道良机，又兴起布施之举。自古凡是赈灾、布施，粥是最方便实惠的食物。宋代的浴佛之日，寺庙便大煮七宝五味粥、五香灌佛粥施散门徒。施不到的人家眼热嘴馋，更想沾沾佛家的福气，添福添寿，故而有样学样，在家自己熬果子杂料粥吃，权当平日不烧香，临时抱佛脚了。最早收录"腊八粥"之名的《东京梦华录》写道："初八日……诸大寺作浴佛会，并送七宝五味粥与门徒，谓之'腊八粥'。都人是日各家亦以果子杂料煮粥而食也。"

明代，腊八粥走进皇宫，皇上钦赏杂果粥米，准许宫人做腊八粥。提前几天捣碎红枣浸水，腊月初八早上，加粳米、白米、核桃仁、菱米煮粥，供过佛祖，各家互相馈送，窗台上、园子里、树下、井边、灶台，搁得到处都是，谁见了随手拿起来就吃，接着热热闹闹准备过年。清代，腊祭挪入腊八，乾隆年间，诏令废除腊祭，至此，两个节日彻底合流。

天启七年（1627），明熹宗崩于乾清宫，享年二十三岁。皇五弟即位，改年号崇祯，是为明思宗。思宗登极，整饬宫纪，厉行节俭，御膳职责交还尚膳监。魏忠贤畏罪自缢，客氏押入浣衣局，活活笞死，焚尸扬灰。

只可惜天下糜烂，大明早已病入膏肓，积重难返，思宗空怀振兴之志，其才略识力，终不逮力挽狂澜。

十七年后，北京城破，明思宗披发投缳，带着王朝两百七十多年的荣耀，一道沉沦地下，凝固为史册干涸的墨迹。

乾隆的招牌菜 御

　　王朝更迭就像玩电子游戏，认真复盘上一盘的得失，惩前毖后，打好开局，或许这一盘便可撑得久一些。

　　爱新觉罗氏得国后，亦曾认真总结明朝亡国的教训，裁汰太监宫女，减省御膳成本。翻阅清宫档案《钦定宫中现行则例》，不难看出，即使在铺张豪侈的乾隆朝，皇太后的每日食材供应亦远不及上一章明代万历朝李太后的标准。

　　盘肉用五十斤猪一口、羊一只、小牲口二只、新粳米二升、黄老米五合、高丽江米三升、粳米面三斤、白

面十五斤、荞麦面一斤、麦子粉一斤、豌豆折三合、芝麻一合五勺、白糖二斤一两五钱、盆糖八两、蜂蜜八两、核桃仁四两、松仁二钱、枸杞四两、晒干枣十两、猪肉十二斤、香油三斤十两、鸡蛋二十个、面筋一斤八两、豆腐二斤、粉锅渣一斤、甜酱二斤十二两、青酱二两、醋五两、鲜菜十五斤、茄子二十个、王瓜二十条。

比之万历李太后每天耗费上百斤猪肉、三十八斤白糖、四十六斤香油，这位在《甄嬛传》等影视剧中大大有名的乾隆帝生母崇庆皇太后（即雍正朝的熹贵妃钮祜禄氏）的膳食之用可要克制得多了。宫女的分例更少，通常为猪肉半斤到一斤，老米七合五勺，鲜菜十二两，黑盐三钱。

皇帝为表示孝顺，供给皇太后的膳食一般比自己所用更丰厚，皇太后的标准已较前朝大大减降，皇帝自然依随。《大清会典》规定，每日御膳：

盘肉二十二斤、汤肉五斤、猪油一斤、羊二只、鸡二只、鸭三只、当年鸡三只，白菜、菠菜、香菜、芹菜、韭芽等共十九斤，大萝卜、水萝卜、胡萝卜共六十个，包瓜、冬瓜各一个，茎蓝五个（六斤）、干闭蕹菜五个（六斤）、葱六斤、玉泉酒四两、酱一斤十二两、醋五两、清酱二两，早晚随膳饽饽八盘，每盘三十个。

看得出来，几乎所有食材均较万历帝之用有所削减。唯独牛奶，清朝皇帝例享奶牛一百头，乾隆朝裁减至五十头，每头牛每天产两斤奶，也就是说，皇帝每天要用一百斤牛奶，此为万历帝御膳所不具。这一百斤奶生生灌下去，皇帝非胀死不可，满族人好食奶制点心，像什么奶子粽子、奶子月饼、奶子花糕，因此牛奶的用途主要是做糕点。

清圣祖康熙帝节用恤民，膳食材料更简单。康熙朝御膳的用肉情况不详，康熙帝自己说"食不兼味"，每顿饭只吃一种肉类，要么只供羊肉，要么只供鸡肉，一是不欲浪费，二是康熙也像宋仁宗那样，不忍为了口腹之私而多杀牲畜。其他酱菜之类，每餐的分量皆以"两"计：

整咸白菜一斤［康熙四十年（1701），想是因年齿渐高、食量下降之故，减为十二两］、芥菜六两（后减为五两）、去皮芥菜六两（后减为五两）、清酱瓜十两（后减为八两）、盐腌王瓜一个、芥混菜八两（后减为六两）、芥菜茄子八两（后减为六两）、炸香菜六两（后减为五两）、对汤酸菜八两（后减为六两）。

清朝皇室的规矩，皇帝白日每天只吃两餐，夜间准许加一餐消夜。康熙帝亲征噶尔丹，领兵在外之际，每天只进一餐，所费就更少了。那时他督师塞外，西北地区燥热，打仗打得嘴淡无味，想吃点儿水果，传谕令皇太子胤礽来送。胤礽知道皇阿玛不喜靡费，千里迢迢，就送了两篓，每篓只装了两个柚子、四个山茨、八个虎头柑、四个石榴、四个春橘。这点儿东西只怕不抵我们如今逛一遭水果市场所购，食量大一些的朋友一天之内解决掉一篓不在话下。而康熙帝想吃的桃子，大内居然没有库存了。可

怜康熙帝带兵在前线拼命，内务府果房连个桃子都供应不上。当皇帝的节俭到这个份儿上，有清一代，唯道光帝可堪起匹。

康熙帝精力旺盛，行事自主，动手能力很强，他学数学，曾写出《御制三角形推算法论》这样的论文。据说十七世纪八十年代，他还亲手为八旗臣工接种过天花疫苗（人痘）。行围狩猎，康熙必亲执弓矢，跃马上阵，有时还亲炙鹿肝，操刀脔割，分给皇子、驸马和臣属。一位扈从在侧的法国传教士记录道：

> 1692年9月16日，皇帝猎获了一头五百多斤的公鹿。两点前后，陛下就吩咐预备晚餐。他亲手处理自己打死的那只鹿的肝。肝和臀部的肉在这里被看作最精美的部分。他的三个儿子和两个女婿帮着他。皇帝很高兴地把古时收拾鹿肝的方法教给他们。皇帝把鹿肝分割成小片，分给诸子、女婿和身边的一些官员。同时，我也很荣幸地从他手里接到一片。每个人都开始仿照皇帝和他的儿子们的样子去烤肉。

康熙帝食风简率而豪放，保留有塞外时期女真先祖的生活色彩，能吃且好食野味。康熙二十一年（1682），他第二次东巡盛京，特意令内务府准备了几车腌熊肉和腌虎肉，说明他平时在宫里也吃这些东西。不过皇子们在宫里吃到父皇的手切肉的机会无多，皇帝要吃肉片自有御膳房的庖厨细细切割备妥。

御膳房与其他几个管理膳食的衙门，掌关防管理内管领事务处、掌仪司的果房、庆丰司的牲畜群皆归内务府统辖。厨师打杂的之多虽不及明朝，亦不在少数，仅一个"掌关防管理内管领事务处"，与办膳有关的苏拉（杂役），就有两千七百人。御膳房的厨师则维持在四五百人之数。御膳房的老大既不是太监，也不是文官，而是由"一等侍卫"——武官担任。下分内、外膳房，内膳房设在清朝中后期皇帝居所养心殿南邻，再往南便是军机处，上悬有康熙御笔"膳房"二字匾额，只供应帝、后、妃嫔膳食。外膳房负责军机处值班大臣、御前侍卫、乾清门侍卫的工作餐。妃嫔各宫中亦有自己的小厨房。平时妃嫔非听召不得侍奉皇帝进餐，皇子公主们也一般无法陪伴父亲，盖年轻的妃嫔与成年皇子同殿或同案而食，天长日久相对保不准生出点儿什么事来，皇帝只好孤零零地一个人守着一群太监吃饭。

年节家宴，皇子和妃嫔也不得欢聚一堂。这时候，皇帝必须分赴两场，早膳陪后妃，晚膳赶皇子、兄弟的饭局。两顿饭的仪节颇为繁杂，还要打起精神规训儿子、应付兄弟，留意嫔妃间的小心机，当真令人心累。乾隆二年（1737）除夕，为先皇服丧三年期满的乾隆帝第一次办年夜家宴，同后妃欢饮，档案记载详细。

晚宴设在乾清宫，下午五点钟摆设。最醒目的是乾隆帝御用的金龙大宴桌，龙椅距离桌子的远近皆有规矩。桌上陈设八行食馔，第一行到第四行皆水果糕点，第五行到第八行为四十道冷盘热菜。皇帝身前，左手边另置干湿点心四品、奶饼子一品、奶皮子一品，右手边黄金碟子盛着酱和酱菜。皇帝桌子左侧是皇后一桌，三十二道菜。下方摆开五桌，西首头桌坐的是贵妃，二桌纯妃，三桌海贵人和裕常在，东面没有头桌，二桌娴妃，三桌嘉妃和陈贵人。

现场布置完毕，总管太监请旨上热菜，却先不上汤菜。五点十五分，皇帝大摇大摆地来了，待他坐定，后妃等人方可次第入座。接着为皇帝呈上两盒汤饭：一盒是粳米膳、酸奶子，另一盒是卧蛋汤、野鸡汤。后妃各得一盒汤饭。

宴会前半段不饮酒，而是喝奶茶。喝完有一道程序，叫作"转宴"，那时没有旋转的圆桌，桌子太大，菜品太多，全靠太监手动调换菜肴位置。转毕，之前的菜该撤尽撤，换上一桌酒馔。乾隆帝面前依然是四十道菜，摆成五行，每行八道；皇后面前三十二道，荤菜和果子各十六道；嫔妃面前十五道，七道荤菜、八品果子。总管太监跪叩为皇帝献酒，自皇后以下，人人叩头，瞧着万岁爷喝酒。最后上果子清茶，饮罢散席。

那时候，乾隆帝即位不久，前有圣祖康熙，上有宵旰尚廉的雍正帝，祖父两辈都是极力反对铺张浪费的，乾隆帝还不敢太忘形。随着自己的统治稳固，他的执政个性逐渐强大起来，摆脱了先辈的影子，意气自恣，行令由心。乾隆十五年（1750），他的一道敕旨可视作由俭入奢的标志。

这年五月，乾隆学够了父辈的节俭，锦绣江山，那么多好吃的，身为帝国天子，为什么不能放开了吃？乃令御膳茶房（御膳房）扩建扩编，并一分为二，分成外膳房和内膳房。外膳房负责部分张罗内廷筵席和值班大臣、侍卫的饮食；内膳房独立出来，统辖荤局、素局、烧烤局、饭局之类分支部门，专门伺候乾隆本人。整个膳房职员总计三百一十六人（不算茶房），精工细作，效率提升，皇上的伙食大大改善。

当时爱新觉罗氏的龙廷已经坐了一百多年，什么天地会、红花会基本上消停了，可乾隆还是不大放心，生怕有人在御膳中投毒。另外，为了保障御膳的质量，加强各个环节监管，避免厨子、采购、传菜的太监互相推诿，朝廷招聘了一伙笔帖式，每天皇帝吃饭就守在一旁做笔记：皇上吃了什么、在何处用膳、每道菜装在什么样的餐具里、是哪个厨子做的、哪位臣工觐献的、哪些剩菜赏了哪位嫔妃，事无巨细，全盘记录。然后交由内务府画行，封存立档，确保有据可查，源头可控。所以凡是说到清宫御膳，通常从乾隆朝往后特别有料。

乾隆帝如此苦心费力地完善御膳安全，自然不可能像近来街头小吃广告宣称的那样，六下江南期间有事没事偷偷溜进偏僻陋巷的小馆子里体验美食，动辄"拍案叫绝"，赐名题匾。他下江南的时候，笔帖式们依然全程跟踪报道，所有档案中均未见皇上混进民间快餐店吃饭的记录。

其实这种事情的真伪挺容易分辨的，乾隆的御膳团队成员来自天南地北，囊括当时汉族、满族顶级名厨，地方上历年进贡特产食材无算，乾隆想吃地方特色，不过一道口谕而已，犯不着冒着被毒死的风险，遮遮掩掩溜进僻巷深处不知名的小餐馆，就为了吃一口不知名的小吃，毕竟乾隆一不是探店的记者，二不是试毒的神农氏。

地方官，包括乾隆爷身边的内臣，更不敢造次，让来路不明的小吃店接待御驾，万一吃出个三长两短，那就不是褫官降级，而是株连夷族的大祸了。

那么，乾隆下江南，实际上都吃了一些什么？

时间回到1765年，也就是乾隆三十年二月十七这天。这是乾隆第四次南巡，正月十六启程，二月十五抵达扬州，驻跸天宁寺行宫。二月十七凌晨四点四十五，皇上起床，一肚子起床气。这个点是清朝法定的皇帝起床时间。老祖宗以明朝中后期几个皇帝——万历明神宗、天启明熹宗之流嬉懒怠惰、荒废朝政为戒，定下规矩，要清朝的皇帝夙兴夜寐，朝乾夕惕，不许睡懒觉。

乾隆奋力地把脑袋抬离枕头，算是遵照规矩起床了。磨蹭半天，先喝进一碗冰糖炖燕窝补补身子，垫垫肚子。七点，移驾九峰园（今扬州南园）吃早餐，食单如下：

鸭子火熏佘豆腐热锅。火熏就是熏肉之类，有用松木松针熏的，有用荔枝壳熏的，有用甘蔗皮熏的，也有用茶叶熏的，做法不一。清宫御膳，热锅极为多见，这道菜用已熟且入味的整鸭、熏肉加浓汤浸在小锅里，调味煨制，最后佘入豆腐。

燕窝火熏肥鸡丝。

羊乌叉烧羊肝攒盘。羊乌叉就是全羊，至于烧羊肝，清人的"烧"法与今日区别不大，先麻油炒断生，加酱油、糖（白烧不用）和黄酒，文火慢烧，然后大火收汁，使汤汁浓稠，与羊骨、羊排攒盘。

酥鸡。《调鼎集》介绍了几味酥鸡做法，虽难及御厨妙手，亦可资参考。整鸡剁块，剖刀划开皮肉，调料腌入味，下油炸酥；或者不入油，而是直接加酱油、葱、姜汁、盐等作料煮熟；又或者鸡块裹豆皮，与海参同做。

燕窝佘豆腐。

水晶肘子。

糟鸭子。

鸭子肥鸡苏片烫膳。

竹节卷小馒头。乾隆最喜欢的主食之一，据后人考证，这种小馒头呈长筒形，似竹节。

鸡蛋糕。

卷澄沙包子。

五种小菜。御膳食单总会出现若干种类小菜，但不加解说。据乾隆年间的《进小菜底档》基本上以糟蛋、糟萝卜、酱瓜、酱杏仁、酱豆角、卤虾芸豆、卤虾茄子、卤虾芹菜、冬笋、银鱼、鹿舌、鹿肚、青笋、绿螺、风肉、虾米之类为主，与今天习惯上的咸菜、酱菜、小菜相仿。

九种饽饽。广义上的饽饽可指一切做工精细的满族面食，如豆面饽饽、苏叶饽饽、黏豆包、搓条饽饽，甚至饺子。搓条饽饽，满族称为"打糕穆丹条子"，蒸熟的黏米经过反复捶打，滚豆面，搓长条，油炸后浇淋蜂蜜，如今它的另一个名字沙琪玛更为人熟知。饽饽也有饼状、包馅儿的，馅料常用核桃仁、松子、瓜子仁、香橼丝、橙皮丝、青红丝（糖渍青红萝卜丝）、糖。这个馅儿料阵容有一种似曾相识的感觉……没错，五仁月饼！尤其青红丝的存在，不知勾起了多少朋友的中秋记忆。关于"五仁月饼到底是怎么来的"这个问题，虽然尚未掌握确凿证据，但似乎饽饽存在重大嫌疑。

四种炉食。烤制食物。

四种盘肉。

两方羊肉。

皇上吃过早餐，赏了皇后氽豆腐、令贵妃肥鸡、庆妃糟鸭子。

可以看到，清朝御膳菜名普遍通俗，与唐朝烧尾宴那些"贵妃红""白龙臛""雪婴儿"比起来，简直有些土头土脑。透明直接的命名主要出于安全考虑，同时便于供皇帝御览时一目了然，快速了解每道菜的食材和制法。"白龙臛"之类的名字美则美矣，可是御膳菜式太繁，如果都这样取名，皇上每次看菜单可就有罪受了，打开一看，一道菜都不认识，叫他如何点选，如何指示？

下午两点十五分是老祖宗规定的皇帝进晚膳时间，当日，乾隆就在天宁寺行宫花园用膳，膳食如下：

鸭羹。

燕笋炖棋盘肉。

蒲菜炒肉丝。

春笋爆炒鸡。

苏造鸡、肘子肉攒盘。"苏造"这个标签指的是苏州织造衙门。当年康熙帝六度南巡，四次驻跸儿时玩伴、苏州织造曹寅（曹雪芹之父）家中，接触到"苏造菜"。乾隆有样学样，下江南时也曾逗留苏州织造衙门，对苏造菜的迷恋犹过于康熙。回銮之后，乾隆想起苏州的味道，食前方丈都索然无味了。索性在御膳房特别成立一个苏州织造衙门菜小组，叫作"苏造铺"，从织造衙门抽调名厨，安插进御厨团队，专门做苏州菜给皇帝解馋。譬如著名的"张东官"即是乾隆第四次下江南，从苏州织造普福家挖角的厨师。张东官的手艺深受乾隆帝喜爱，不论走到哪儿都将其带在身边，一直到二十年后张东官年过古稀再也无力伺候乾隆了，才放他还乡。

白面丝糕糜子米面糕。

象眼棋饼小馒首。

鸭子火熏煎黏团。

鸡肉丸子。

莲子樱桃肉。典型的苏菜，肉切作樱桃大的肉丁，加葱姜、黄酒、盐、酱油、糖、肉汤等焖熟收汁。这道菜复配以莲子，越发妩媚多姿，香糯清爽。

鸭腰苏烩。

燕窝烩肥鸭子。

五种小菜。

粳米膳。

燕窝攒汤。

六种饽饽。

六种奶制品。

八种炉食。

八种盘肉。

四方羊肉。

下午两点钟进晚膳显然为时过早，所以每晚例供简单的晚晌（夜宵）。

虾米火熏。

五香猪肚。

醋熘荷包蛋。

糖炒鸡。

小菜。

忙碌而吃撑的一天就这样过去了，皇帝睡前降旨，明早到倚

虹园用早餐。

清宫冬季御膳，打头的一道菜常用"热锅""暖锅"或"火锅"。清代中前期的各种"锅"一如袁枚所描述的，更像当今东北的炖菜，吃法不是涮而是煮，所有食材不分荤素老嫩，同时下锅文火炖着，食客围坐自行伸筷攫取。清代人这样吃是为了在冬日保持食物温度，避免热菜放冷扫了客人兴致。当然弊端也显而易见，即难以掌握火候，且炖之太久，反复添水，必失其味。

现代九宫格火锅的先驱早见于汉末。当年曹丕为世子期间，与钟繇合作，创制了一种"五熟釜"，内分为五个格子，可同时烹煮五种食物。《三国志·魏书·钟繇传》："文帝在东宫赐繇五熟釜，为之铭。"注引《魏略》："釜成，太子与繇书曰'昔有黄三鼎，周之九宝，咸以一体，使调一味，岂若斯釜，五味时芳'。"曹丕是个好奇宝宝，类似的巧妙心思、古怪脑洞史书多载。至于他同钟繇据锅大嚼，是煮着吃还是涮着吃，不大清楚。

"涮"是现代火锅的要旨，从这个角度来看，火锅的雏形似乎可以向前推至西汉。长沙马王堆一号汉墓出土的简帛录有"牛濯胃""牛濯舌""濯豚""濯鸡"诸般食物。"濯"字的本义为"洗"，"洗"的动作为来回摆动，夹一片牛肚（胃）浸下热汤来回摆动，不正是涮吗？

肉片没入沸汤，箸尖一转，便是千年。一年冬季，南宋文人食谱《山家清供》的作者林洪游武夷山访止禅师，遇风雪截阻归途，留宿山寺。晚饭之前，林洪捉到一只兔子，阖寺上下问了一遍，无人会烹制。最后禅师忍不住了，站出来道："向得此兽，便薄切肉片，用酒酱、椒料作锅底，风炉上烧半铫水，候汤沸，各人执筷子，自挟肉片入汤摆熟，啖之。"很明显便是涮火锅。这一番风雪留人倒便宜了林洪的口舌。

清代暖锅又叫"边炉"，最初用于祭祀，顾禄《清嘉录》："年夜祀先、分岁，筵中皆用冰盆……中央则置以铜锡之锅，杂投食物于中，炉而烹之，谓之暖锅……杂投食物于一小釜中，炉而烹之，亦名边炉，亦名暖锅。团坐共食，不复置几案，甚便于冬日小集。"如今广东的粤式火锅即名"打边炉"，当是由清代暖锅继承而来。

清代旗人传统食俗好食白肉，各用腰间佩戴的解手刀片薄而食，或许北方涮羊肉卷的流行与该习惯有关。西南地区的毛肚火锅则源于清末沿街串巷走码头的"水八块"，水八块就是八个格子的火锅。

二十世纪初，重庆一带不少肉摊售卖水牛肉，水牛肉的滋味不及黄牛肉，但是价钱较低，肝、肚、黄喉、脑花之类要价更低。一些小吃挑子专收牛下水，在沿江河坝码头空地或街头巷尾，摆几条长凳，支起铁锅，锅内"米"字型插入四张铁片，分成八个格子，用麻辣的卤水作为锅底。码头上做工的脚夫苦力买不起一整锅，便自认一格。七八个人围着一只小锅烫食，比之北方的铜锅涮羊肉，另具一番江湖气。

我们还是说回乾隆。去东北旅游，乾隆帝吃的又与在江南时不一样。乾隆四十八年（1783），东巡盛京，八月十三乃乾隆帝寿诞。早一日，驻跸处北大营总管肖云鹏已经就膳食安排请了旨，肖总管请奏道："八月十三万寿圣节（皇帝寿诞），八月十五中秋佳节，每一日伺候皇上'黄盘野意酒膳'一桌。"

乾隆批复："知道了。"（原话）

八月十三这天的黄盘野意酒膳菜单如下：

晾排骨、晾肉。

拆鸭子。

鸡翅干搅肉丸子。

五香鸡猪肚。

罗汉面筋。

猪肉馅祺饼。

青油卷。

燕窝芙蓉鸭子。

麻酥鸡。

糟肉。

糟干笋锅烧鸭子。

糖醋锅渣。

另外尚有饽饽若干、小菜若干，以及嫔妃们觐献的

四道菜。

虽说是皇帝寿诞，但与平时的规格没什么差别，即每餐十四五至二十五六道菜和点心。

再看接下来的中秋节。这天，乾隆圣驾来到了莲花套大营，下午六点用膳，依然是"黄盘野意酒膳"。

拆鸭子。

五香肘子拌凉胚子。

五香鸡肉。

虾米拌海蜇。

糖醋藕豆角。

羊肉馅包子。

攒盘月饼（月饼拼盘）。

拌糟鸭丝。

燕窝拌白菜丝。

另外有三个热炒、一份鸭蛋、八种水果，以及嫔妃
们觐献的六个菜。

这顿饭吃到最后，呈上两个三斤重的"奶子月饼"，皇上切
了一小块尝了尝，剩下的分给随行嫔妃，再剩下的大老远地送回
北京，分给阿哥和其他妃嫔。

乾隆是一个鸭子迷，几乎每天都要吃鸭子，但不喜欢吃水产
海鲜，他的菜单中极少出现鱼类、贝类或虾蟹。除了皇上不喜欢
的东西，御膳的食材基本上可以做到"应有尽有"。至于味道
如何，今人不太好揣测。1925年，北京北海公园一家仿膳饭馆开
张，招徕几位清廷庖厨；二十世纪五十年代，饭馆收归国营，政
府重新组织起一批曾经供职皇室的老厨师及其弟子掌勺并作为顾
问，推出了仿膳菜谱，或许可资间接了解御膳味道，摘一例"锅
贴里脊"如下：

嫩猪里脊切长一寸，宽八分左右薄肉片，用葱花、
姜米、盐、酱油、酒拌匀腌浸；生猪油切三寸见方四大

片，将肉片平铺其上，再覆一层猪油，做成两个肉盒，水淀粉里上浆；旺火烧油六成热，肉盒盛在油勺里炸到浮起，转微火慢炸，到发硬时，戳破外壳，使油浸入炸透；五六分钟后，转旺火，炸两三分钟，使外皮酥脆，捞起切条，佐椒盐食。

乾隆一朝号称"盛世"，皇帝和后来者大处着眼，不易体认民间疾苦。就像站在山上俯瞰平湖，觉得湖水很美，但对于落水之人或水中游鱼而言，就未必领会得到湖水之美。历史亦如此，回顾某一段"盛世"，宏观描述给人的印象似乎人人安居乐业，但生在其中的百姓未必不是胼手胝足，挣扎于温饱线上。

经历了乾隆时期的回光返照，中国封建王朝走向了无可挽回的衰亡。第一位从幻梦中惊醒，目睹江山劫火、社稷崩坍的是清宣宗道光皇帝，我们几乎可以想象身处由盛转衰剧变时代，被残酷现实颠覆世界观的道光帝的惶惑与迷茫。与不花钱不舒服的乾隆、"万般皆下品，唯有吃饭高"的李显比起来，道光帝完全是另一个极端。

中国历史上林林总总的帝王们大多可以贴上鲜明的标签，霸君如秦皇汉武，明君如唐太宗清圣祖，铁画银钩宋徽宗，木工匠人明熹宗，道光的标签则是节俭。道光节俭尤其体现在膳食方面。他还是皇子的时候，连续很长一段时间差人出宫买烧饼，一次买五个，他吃两个，福晋（后来的皇后）吃两个，大阿哥吃一个。为什么要出宫买？因为宫外的烧饼便宜。

后来登基为帝，日常用餐也只有四菜一汤而已。有一次听说宫外的"豆腐烧猪肝"既好吃又便宜，便连叫了十天外卖，每餐只吃豆腐烧猪肝。贴身太监瞧着都该心疼了，一国之君的膳食只有一碗豆腐，宫里太监们的伙食也没这般寒酸。

皇后寿宴，道光帝特许御膳房好好准备，所有人都很高兴。皇帝平时吃得寒碜，皇室众人，从皇后、妃嫔到皇子们，在皇上眼皮底下，谁敢胡吃海喝？一个个清茶淡饭度日，苦不堪言，看来这次终于能沾皇后的光，大吃一顿了。等到开席，只见每人面前上了一碗打卤面，零零星星地撒着几粒肉末。

皇上：好了，菜齐了，大家吃吧。

夏季，宫里照旧要采购西瓜解暑。道光一听，买西瓜？买什么西瓜，买西瓜不花钱？不许买！解暑，喝水就行了！

通过清宫御膳档案对照，乾隆之奢、道光之俭更加一目了然。

乾隆四十二年（1777）正月二十六的晚膳如下：

炒鸡大炒肉杂烩一品。

鸭羹热锅一品。

燕窝肥鸡丝一品。

冬笋口蘑锅烧鸭子一品。

羊渣古一品。

韭菜炒肉一品。

小葱摊鸡蛋一品。

蒸肥鸡奶酥油炸羊羔攒盘一品。

象眼小馒首一品。

白面丝糕糜子米面糕一品。

鸭子馅包子一品。

鸡肉馅烫面饺子一品。

银葵花盒小菜一品。

银碟小菜四品。

饽饽六品。

奶子二品。

再看道光五年（1825）正月初六的晚膳：

燕窝红白鸭丝锅子一品。

鸭子白菜一品。

烩银丝一品。

鸡蛋炒肉一品。

羊肉馅包子一品。

道光一朝，政治上出彩之处确实不多，甚至在他统治期间，签订了中国近代史上第一个不平等条约——《南京条约》。但是，清廷疲弱并非始于道光，文明落后，症结更是由来已久，鸦片战争这口锅由道光一人承担，显然有失公允。我们不可能指望凭某位帝王的一己之力扭转一个腐朽落后的体制，把积贫积弱的国家一举带到世界前列。而在个人作风及态度方面，道光几十年如一日俭朴勤政却是值得称道的。前有乾隆，后有慈禧，相比起来，道光帝的节俭显得格外难能可贵。

道光缺乏治国理政的才华，于是他用了最朴素的办法——省吃俭用，完成"为国为民"的表达。这样的坚持持续了一生。可惜道光的努力终究是徒劳的。官场已然彻底糜烂，积弊无法根除，迎来送往，贿赂公行，动辄珍馐山积，满汉具备。陕西督粮道张集馨的日常事务之一正是招待各地过往本境的上官、同僚，他在记录日常所见官场种种关节、潜规则时说："每有官员过境，皆戏两班，上席五桌，中席十四桌。上席必燕窝烧烤，中席亦鱼翅海参。西安活鱼难得，每大鱼一尾，值制钱四五千文，上席五桌断不能少。其他如白鳝、鹿尾，皆贵重难得之物。"

可怜道光帝兀自在深宫中锱铢必较，徒劳地俭省着，固执乃至偏执地认为，只要自己足够俭省，就能整饬天下风气，殊不知，山高皇帝远，视野之外，官场早已腐败到令人发指的地步了。

满汉全席的真相

说到"顶级盛宴"或者"中国饮食文化博大精深源远流长"的话题，"满汉全席"可能是许多人的第一反应。

关于满汉全席，时常有一种误解，认为它像烧尾宴和清河郡王府御宴一样，是历史上的某次盛宴，或是清朝宫廷最高膳食标准。实际上，满汉全席既不是某一次具体的筵宴，清宫也并不存在以满汉全席命名的御膳。满汉全席的前身"满汉席"只是上流社会，尤其官场上对于满菜和汉菜饭局的统称而已。就好比一个四川小伙子娶了一个广东姑娘，请客摆了几桌川菜、几桌粤菜，小夫妻就可以声称"我们摆的是川粤席"。虽然川粤同称，但畛域分明，井水不犯河水，乃是两组概念。

清代文献提到的那些"满汉席"也是同样的情况，仅为概括性陈述，既不具备固定的格式菜制，也没有表达"全"的意思。直到清末光绪年间，"满汉全席"这个概念才出现于酒楼饭庄，系餐饮界招徕生意的创造，经过民国时期大力追捧炒作，名声大噪。也就是说，"满汉全席"是商品化经济的产物。

另外，满菜、汉菜间杂的形式却并非出于臆造。从清初宫廷满席、汉席分列到清中期满汉相融并日益丰盛，再到清末满汉全席的衍生，其嬗变贯穿了整个清代。

清朝初年，专门负责承办朝廷宴事的中央机构光禄寺按照顺治帝（实为摄政王多尔衮）的要求，分别推出了"六等满席"和"三等汉席"，即满汉分宴的制度。满席以满族传统食品"饽饽"为主，主要用于祭祀、重大节日宴会、皇帝大婚、军队凯旋、赐予前来朝贡的使臣；汉席主要用于赏赐科举考试脱颖而出的进士和考官，其中状元郎单独一席，由当朝高官作陪，榜眼和探花一席，其他进士四人一席，皇上亲自举酒（赐酒）。康熙朝一位状元在笔记中提到，他所在的一桌，菜品多达四十多种，华筵广座，芳旨盈席。

清朝初期的皇室平日是不吃这些东西的，皇室膳食另有御膳房操办。所以我们看清宫剧，尤其以康熙雍正时期为背景的清宫剧，皇帝们并不会动辄叫一个满汉全席来吃，这符合历史事实。

清初的满席、汉席乃是适应国家礼制的产物，满汉泾渭分明，绝少混杂。如记录孔子后嗣孔府资料的《衍圣公府档案》记载某次宴客的标准，说"满席二桌，汉席一桌"，即是分开来办，显示"满汉席"并非一个混成一体的概念。

转折出现在乾隆朝。首先，经过清初的不断磨合，满汉文化逐渐呈交融之势，双方的对立和排斥情绪消弭了不少，特别是满人日益汉化，对于对方文化的接受意愿大大提高。其次，清高宗乾隆帝的奢侈铺张远胜康熙、雍正二帝。乾隆除了是写了几万首诗而没有几首拿得出手的非著名诗人，还是一个超级吃货。乾隆二十二年（1757），他南巡之后对江南风味念念不忘，便募集大批南方名厨入宫授职。从这时候起，每天，乾隆便带头大吃"满汉席"了。

乾隆酷爱出巡，把满汉一体的吃饭方式带往各地，影响到地方官场及上流社会。当时官场请客，流行满族人做汉菜，汉人却偏偏要做满菜，间或满汉相杂。清代首席美食家、《随园食单》的作者袁枚对此大加讥弹，在他看来，这根本就是暴殄食材，本地菜都未必做得好，最后画虎不成反类犬，客人吃得大皱眉头，主人炫技失败，也未必赚到了什么面子。

但是满菜、汉菜相融的吃法毕竟已经形成，并且流行开来。乾隆三十年（1765），乾隆皇帝第四次驾临江南。驻跸扬州期间，当地官府劳师动众，征用了整整一条街的寺庙道观充当厨房烧菜，款待天子随员，可怜天尊见血，罗汉沾荤，都在所不计了。那顿饭，与宴的地方官和随从京官超过两千五百人，盛况空前。然而乾隆一口都没吃，甚至压根儿没出席，就在百官觥筹交错、口沫横飞的当儿，人家一个人安安静静躲在行宫美滋滋地吃小灶。先来看看乾隆帝盘桓扬州期间的伙食。

二月十七日，午膳：鸭子火熏㸆豆腐热锅、燕窝火熏肥鸡丝、燕窝㸆豆腐、水晶肘子、酥鸡、糟鸭子、羊

乌切烧羊肝拼盘、银葵花盒小菜、银碟小菜（四道）、竹节卷小馒头、鸡蛋糕、卷澄沙包子。

晚膳：鸭羹、燕笋炖棋盘肉、蒲菜炒肉丝、春笋爆炒鸡、苏造鸡肘子肉拼盘、鸡肉丸子、苏式鸭腰子片、燕窝脍肥鸭子、燕窝汤、莲子樱桃肉、银葵花盒小菜、银碟小菜（四道）、白面丝糕、糜子米面糕、象眼棋饼小馒头、鸭子火熏煎黏团。

乾隆帝每餐只用八九道菜，手下大臣们开办宴席，出现的菜品居然达到了一百多道。事实上，虽然与宴人数众多，但要按照官阶列席，每席的菜式规格有所区别。即使以每席五人、二十道菜计，人均不过四道菜而已，可知臣子膳食规格并不算逾矩。何况臣工们吃的是大锅饭，滋味多半不及乾隆随行的大内御厨手艺。

与宴者满官汉臣杂然，主办方准备了满汉两套厨馔。扬州名士李斗设法搞到一份宴会菜单，记录在他的《扬州画舫录》里，谓之满汉席。

第一份：燕窝鸡丝汤、海参烩猪蹄筋、鲜蛏萝卜丝羹、海带猪肚丝羹、鲍鱼烩珍珠菜、淡菜虾子汤、鱼翅螃蟹羹、蘑菇煨鸡、鱼肚煨火腿、鲨鱼皮鸡汁羹、血粉汤。

第二份：鲫鱼舌烩熊掌、米糟猩唇猪脑、仿豹胎、蒸驼峰、梨片伴蒸果子狸、蒸鹿尾、野鸡片汤、风猪片子、风羊片子、兔肉脯、奶房签。

第三份：猪肚假江珧鸭舌羹、鸡笋粥、猪脑羹、芙蓉蛋、鹅肫掌羹、糟蒸鲥鱼、假班鱼肝、西施乳（河豚精囊或腹下嫩肉）、文思豆腐羹、甲鱼肉片子汤、茧儿羹。

第四份：烤哈尔巴肘子（哈尔巴即满语"肩关节"）、油炸猪羊肉、挂炉走油鸡鹅鸭、烤鸽子、猪羊杂什（"杂什"在老扬州方言里指"什锦杂烩"之类多种食材混合加工的食物）、燎毛猪羊肉、白煮猪羊肉、白蒸小猪子小羊子鸡鸭鹅、白面饽饽卷子、什锦火烧、梅花包子。

最后是"洋碟"：也就是西餐二十味、劝酒菜二十味、小菜二十味，还有十桌干果、十桌鲜果。

侍卫随从，另行供食招待。

这五份菜应是由五个或五批改成厨房的寺庙分别备办，第一批厨房主攻羹汤；第二批收集了熊掌、猩唇、驼峰、鹿尾这些传说中"魔幻八珍"的食材，专门处理山珍野味；第三批厨房集中江南本地名厨，淮扬代表菜文思豆腐、新鲜的蒸鲥鱼在当时的京城可是稀罕味道；第四批集中火力大烧大烤，做的是满洲传统菜；第五批拾遗补阙，输出西餐、小菜和果碟。分工明确，各司其职，庶几相得益彰。这五批菜做是分开来做，但上菜是否掺杂纷呈，每一样都雨露均沾，遍及诸席，难说得很。《扬州画舫录》里没有详细交代，似乎不宜轻率否定。

扬州大宴与清初朝廷礼制下的满、汉席情况不同。清初制定的仪制是为了专席专用，比如赏赐新科进士的"恩荣宴"，照例用汉席，无论是满人还是汉人，同席共坐，不分彼此，大家吃的都是汉菜，不存在同一宴上，满菜、汉菜同时出现的情形。扬州一宴，礼制上没那么严格，形式就自由得多。烹饪时分别烹饪——因为厨师各有所长，不得不然，但上菜之际不排除采用"满汉合席"。从袁枚"吐槽"来看，当时汉人吃满菜、满人吃汉菜乃是潮流，那么满菜、汉菜未必不能同席并呈。何况倘若满席、汉席泾渭分明，满官汉臣就要分开来坐，在大一统的框架下，吃顿饭都搞得朝班分裂，无疑相当"政治不正确"。

扬州宴的满汉席大可视为乾隆历次南巡奢侈宴膳的缩影。有天子首肯甚至提倡，地方官场望风希旨，张置满汉席之风开始蔓延，并逐渐向竞奢求媚的腐败方向发展。乾隆一朝号称"盛世"，在中国悲剧性近代的前夜，统治阶层回光返照地享受着最后的盛宴。官场浇荡，"三年清知府，十万雪花银"，虽有道是"富不学奢"，但有些人有了钱，就想方设法铺排摆谱，一顿饭上百两银子稀松平常。嘉庆皇帝特为宣谕，要求各级官员去奢从俭，改涤前非。然而风气一旦败坏，盘根错节，积重难返，就算天子降旨，也起不到什么效果。

官场如此，民间靡然向风，满汉席的吃法进一步下沉。中国历史上一度是禁止民众张宴聚饮的。西汉法律，三人以上无故聚饮，罚金四两。只有国逢大庆，皇上下诏特许，才准招呼亲朋喝一顿，这种许可称为"大酺［pú］"。大酺的触发条件通常是征伐告捷，或者新帝即位改元之类，像赵武灵王灭中山国，开恩布德，准允民众喝了五天。汉文帝登极，颁诏大酺天下，民众又喝了五天。唐太宗贞观八年（634），皇太子成年，赐民众喝了三天。

时至清代，限制作古，钟鼎人家，尽可以满汉俱收，效尤官场，开一开满汉合席。道光年间名士顾禄所著的《桐桥倚棹录》，写苏州斟酌桥畔酒楼"三山馆"经营的菜肴，满汉大菜及汤炒小吃如下：

烧小猪、哈尔巴、烧肉、烧鸭、烧鸡、烧肝、红炖肉、荚香肉、木樨（须）肉、口蘑肉、金银肉、高丽肉、东坡肉、香菜肉、果子肉、麻酥肉、火夹肉、白切肉、白片肉、酒焖蹄、硝盐蹄、风鱼蹄、绉纱蹄、燀火蹄、蜜炙火蹄、葱椒火蹄、酱蹄、大肉圆、炸圆子、熘圆子、拌圆子、上三鲜、汤三鲜、炒三鲜、小炒、燀火腿、燀火爪、炸排骨、炸紫盖、炸八块、炸里脊、炸肠、烩肠、爆肚、汤爆肚、醋熘肚、芥辣肚、烩肚丝、片肚、十丝大菜、鱼翅三丝、汤三丝、拌三丝、黄芽三丝、清燉（炖）鸡、黄焖鸡、麻酥鸡、口蘑鸡、熘渗鸡、片火鸡、火夹鸡、海参鸡、芥辣鸡、白片鸡、手撕鸡、风鱼鸡、滑鸡片、鸡尾扇、燉鸭、火夹鸭、海参鸭、八宝鸭、黄焖鸭、风鱼鸭、口麻鸭、香菜鸭、京冬菜鸭、胡葱鸭、鸭羹、汤野鸭、酱汁野鸭、炒野鸡、醋熘鱼、爆参鱼、参糟鱼、煎糟鱼、豆豉鱼、炒鱼片、燉江鲚、煎江鲚、燉鲥鱼、汤鲥鱼、剥皮黄鱼、汤黄鱼、煎黄鱼、汤着甲、黄焖着甲、斑鱼汤、蟹粉汤、炒蟹斑、汤蟹斑、鱼翅蟹粉、鱼翅肉丝、清汤鱼翅、烩鱼翅、黄焖鱼翅、拌鱼翅、炒鱼翅、烩鱼肚、烩海参、十景海参、蝴蝶海参、炒海参、拌海参、烩鸭掌、炒鸭

掌、拌鸭掌、炒腰子、炒虾仁、炒虾腰、拆燉、燉吊子、黄菜、熘卞蛋、芙蓉蛋、金银蛋、蛋膏、烩口蘑、炒口蘑、蘑菇汤、烩带丝、炒笋、荬肉、汤素、炒素、鸭腐、鸡粥、什锦豆腐、杏酪豆腐、炒肫乾、炸肫乾、烂�甲鱼、出骨甲鱼、生爆甲鱼、炸面筋、拌胡菜、口蘑细汤。

这份让人眼花缭乱的菜单尚非全部，作者道是"美酒精肴，不可胜纪"，只要囊中有钱，"绮罗堆里埋神剑，萧鼓声中老客星"，就在这家酒楼组一台满汉席，绰绰有余。

满汉两席确凿合流是在嘉庆朝以后。1944年，"大河三部曲"的作者、被郭沫若赞誉为"中国左拉"的当代著名作家李劼人，整理发表了一篇道光十八年（1838）其外家祖辈的账簿，其中录有一套满汉混一的满汉席：

燕窝、鱼翅、刺参杂烩、鱼肚、火腿白菜、鸭子、红烧蹄子、整鱼。

热吃八个：鱼翠、冬笋、虾仁、鸭舌掌、玉肉、鱼皮、百合、乌鱼蛋。

围碟十六个：瓜子、花生米、杏仁、桃仁、甘蔗、石榴、地梨、橘子、蜜枣、红桃黏、红果、瓜片、羊羔、冻肉、桶鸭、火腿。

另有：哈尔巴、烧小猪一头、大肉包一盘、朝子糕一盘、绍兴酒一坛。

至于"满汉全席"一词正式亮相,要迟至光绪二十年(1894)梓行的一部写十里洋场风月声色的苏白小说《海上花列传》。《海上花列传》是中国第一部方言小说,张爱玲给予此书极高的评价,不惜十载光阴,亲力译成普通话。除却文学、艺术价值,此书笔锋触及当时的官场、商界和社会底层面貌,纪实方面可圈可点。书中记载了一位官老爷过生日"中午吃大菜(西餐),晚上吃满汉全席",由此可见,光绪年间,餐饮界当已经推出满汉全席了。

一些街头小吃但凡声称历史悠久,总喜欢与朱元璋、乾隆、慈禧沾亲带故,编造的故事千篇一律,说这几位微服私访,又或流落民间之际,偶然邂逅,一尝之下拍案叫绝,于是赐名流传。且不谈这些强拉历史名人做背书的硬广告,单说慈禧太后落魄逃难的时候,确然曾与满汉全席交臂而过。

光绪二十六年(1900),八国联军侵占北京,慈禧太后携光绪帝遁逃,从德胜门出城,过居庸关向西,亡命两天两夜,赶到两百里外的怀来县。此地知县名叫吴永,是曾国藩的孙女婿,这天接到一张皱皱巴巴粗纸写就的紧急公文,展开一看,是他上司发来的,说两宫圣驾正在路上,转眼即到。继而指示,让吴永预备几个"一品锅",供应随扈出奔的王爷、贝勒、军机大臣;准备满汉全席一桌,迎接御驾。那时兵荒马乱,仓促之间,到哪儿去准备什么一品锅,更遑论满汉全席?只好遍寻厨房,找出一些果蔬食材,先派一个厨子带到两宫将要打尖儿的前一站榆林堡驿站凑合做一顿御膳。没想到厨子带着食材刚出县城,就被散兵游勇抢了。吴永没办法,只好亲自领兵出城,抵达榆林堡时,偌大的镇子早被乱兵洗劫一空,百姓尽皆逃去,寒烟空巷,成了一座鬼城。所幸留守驿站的一个老仆也收到了接驾的消息，拼了命地保住一锅绿豆小米粥，才给落难的两宫填饱了肚子。满汉全席没吃上，对于逃亡的慈禧太后，这锅小米粥又比满汉全席可贵多了。

此事出自吴永口述成书的《庚子西狩丛谈》，应系实录。而吴永上司命他备办满汉全席亦佐证了光绪年间"满汉全席"之称的存在。

初期的满汉全席必备"烧烤"，像满语称为哈尔巴的肘子、烤乳猪之类。烧烤之席成型于清代，通常席上所设为各种烹法的猪肉。爱新觉罗氏得国以前，满洲习俗即重吃肉，吴振臣的《宁古塔纪略》说："满洲宴客，旧尚手把肉，或全羊。"及进了紫禁城，每天拂晓时分，在作为"内寝"——即明朝皇后居所的坤宁宫宰两头猪煮了祭神。祭毕，除二月初一赐王公大臣吃肉，其余时候，这两头猪就由内廷侍卫分着吃了。

旗人贵族凡大祭祀、喜庆，家中亦必设食肉之会，号称"大典"，无论是熟人还是生客，都可以光明正大地去蹭肉吃。到主人家，依从古制，俱席地而坐。厨下捧出一只大铜盘，盛着一块十斤重的硕大猪肉，另有一大盆浓郁的肉汤。每位客人发给一口瓷碗，斟满高粱酒。吃肉的法子与宫中侍卫吃祭肉一样，不是上口去啃，而是小刀片食。客人皆自备解手刀，刀法精熟的食客能片得如纸之薄，肥瘦兼具，甘腴适口。客人吃得越多，主人越高兴，遇到能把自助餐馆吃垮的那种豪客，须臾吃尽，再三高呼"添肉"，主人更是喜上眉梢，不住道谢。客人吃完，却不许申谢主人款待之情，也不准擦嘴，否则就是不敬神灵，只管扬长而去。

奉祀而分食胙肉的习俗带有鲜明的原始宗教及渔猎部落分享制度的痕迹。既然供奉神明用的是猪肉，那么诸席之中，自然尊以猪肉为主的烧烤席第一。

烧烤席也是早期满汉全席成席的基础，《清稗类钞》云："烧烤席，俗称满汉大席，筵席中之无上上品也。"吃烧烤席，通常在酒过三巡后，才上烧猪。厨子和仆人各着礼服进来，厨子双手捧盘，仆人取小刀片片切割，摆在碗里，单膝跪地，呈予首席的贵客。客人撷起一片入口，烧猪方可落桌，座上其他人扶起筷子随而尝之。所以说，越是"高级"的筵宴，陋仪越是烦琐，与宴者往往空守着满桌山珍海味，恪于礼节，不能轻易动箸，干坐着赔笑喝风，真是何苦来哉。

烧烤席是满汉全席中满席那一半的领袖，那么汉席之首当推"燕窝席"，也叫作"燕菜席"，倘若并入鱼翅，又称作"燕翅席"。燕窝之为食物，明代尚未见其珍，约莫从清代才被当成好东西。乾隆是燕窝爱好者，查其御膳档案，几乎每餐必备燕窝，凌晨四点"法定起床时间"，离开被窝百事不理，先来一碗冰糖银耳燕窝羹。乾隆、慈禧对燕窝的偏爱为整个社会所效仿，民间兴起以燕窝为贵的风尚。袁枚谓燕窝至清、至文，不可油腻玷污。

燕窝含蛋白质较多，适合汤菜。做法大概分为甜、咸两路，清泉水泡发开来，银针挑净黑丝，甜者用冰糖，间或鸽子蛋衬底；咸者掺以火腿丝、笋丝、蕈丝、嫩鸡汤、火腿汤、蘑菇汤清炖。清代的燕窝菜品有："一品燕窝"，蛋白衬底，加虾、石耳、火腿、鸽子蛋、肉片，上笼略蒸，清汤烧沸浇淋；"春秋燕窝"，虾肉加干豆粉碾成扇形，与白菜心衬底；"荷花燕窝"，鲫鱼片和白菜镶成莲花之形，燕窝嵌于花蕊，注入清汤上席；"如意燕窝"，鸽子蛋衬底，辅材用虾丸、鱼丸，清汤上席；若再加一味鸡肉片，鸽子蛋、火腿、笋尖衬底，称为"三元燕窝"；再加一味老豆腐、一味杏仁，称为"五福燕窝"。此外，四喜燕窝、绣球燕窝、白玉燕窝、八宝燕窝、灯笼燕窝，千汇万状，不能一一遍述。

烧烤席、燕菜席太贵，《清稗类钞》举兰州的情况为例，一桌烧烤席，靡费上百两银子，燕菜席也少不得八十两，中人之家操办吃力，宴请贵客往往采用全羊席。花二三两银子买只羊，蒸、炮、炒、爆、灼、熏、炸、汤、羹，皆可为之，菜色多至七八十品，品各异味，惠而不费，在同治、光绪年间盛行。

满汉全席集此众席之精粹，但无固定制式。各时期、各食谱所记皆不相同。如今的中国饮食格局，以及汉族的"四大菜系"——北方的鲁菜系、江南的淮扬菜系、华南的粤菜系、西南的川菜系，在清代大体成型。

各大菜系竞相创造出具有地方特色的满汉全席，京式满汉全席多用鲁菜，其中"九转大肠""青鱼肉翅"不可或缺。川式则以川菜为主，如"缠丝兔拼干辣熏鱼""豆瓣鲫鱼"。成席的标准也不一而足，有些地区的满汉全席讲究"四八珍"必不可少，即山八珍、海八珍、禽八珍、草八珍；有些地区一定要有"双烤"，即挂炉烤猪、挂炉烤鸭。总体而言，烧猪、燕窝和鱼翅老三样雷打不动，其他通权达变，因地制宜。

下面列举的晚清和民国满汉席菜单反映了满汉全席进化形成之际，逐渐丰富、范式化的过程。

晚清满汉席——

满席：全猪、全羊、八斤重的烤乳猪、挂炉烤鸭一对、白蒸乳猪、白蒸鸭一对、扒乳猪、糟蒸乳猪、香

鸭、六斤重的蒸肘子、白蒸鸡、白煮乌叉（蒙古人的全羊）、松仁煨鸡、五斤重的胸叉肉、烧肋排、白煮肋排、猪骨髓、羊照式、肉丸火腿海参烧羊脑、大蒜笋片肉丝炒羊肚、糟羊尾。

汉席：金银燕窝、野鸭烧鱼翅、菜苔煨鱼翅、燕窝球、蟹饼鱼翅、什锦燕窝、肉丝煨鱼翅、螺蛳燕窝、八宝海参、鳖鱼皮烧海参、瓤海参、夹沙鸭、海参丝、八宝鸭、海参野鸭羹、家鸭瓤野鸭、海参球、板鸭煨家鸭、瓤鸡肉丸、关东鸡、番瓜丸炖羊肉、大蒜烧鸭、锅烧羊肉、红炖鸡、燕翅鸡、酱烧鸡爪、白苏鸡、火腿煨蹄膀肘子、松仁鸡、金银鸡、荔枝鸡、火腿鲫鱼片、刀鱼饼、煨假熊掌、鳇鱼、面条鱼、烧鹿筋、白鱼饺、肉片笋片炒鲍鱼、锅烧螃蟹、蟹肉炒菜苔、文武肉、大炒肉、建莲煨肺、猪肚片、煨鲜蛏、烧蛏子、炒蛏干、豆腐饺、豆腐松仁火腿丸、松仁豆腐、杏仁豆腐、口蘑豆腐、冻豆腐煨燕窝、虾米肉丁焖豆腐。

民国（1917）满汉席：

八大件：清炖一品燕菜、南腿炖熊掌、熘七星螃蟹、红烧果子狸、扒荷包鱼翅、清炖凤凰鸭杏仁酪、清蒸麒麟松子仁、烩空心鱼肚石棉子。

十六小碗：红烧美人蛏干、炒雪花海参、爆螺蛳鱿鱼、炒金钱缠虾仁、烩青竹猴头、锅贴金钱野鸡、蜜汁一品火腿、烧珊瑚鱼耳、金银翡翠羹、熘松花鸽子蛋、虾卧金钱香菇、烧如意冬笋、烩银耳、炸鹿尾、烩鹿蹄、烹铁雀。

八样烧烤：四红即烧小猪、烧鸭子、烧鲫鱼、烧胸叉。四白即白切鸡、白片羊肉、白片鹅、白片肉。

四烧烤点心：片饽饽、荷叶夹、千层饼、月牙饼。

八压桌碗：烩蝴蝶海参、红烧沙鱼皮、伞哈什蟆、清蒸四喜、红烧天花鲍鱼脯、酿芙蓉梅花鸡、烩荷花鱼肚、烩仙桃白菜。

四随饭碗：金豹火腿炒南荠、南腿冬菜炒口蘑、冬笋火腿炒四季梅、金腿丝熘金银绿豆芽。

四随饭碟：炝苔干、拌海蜇、调香干、拌洋粉。

点心：头道为一品鸳鸯、一品烧饼，随杏仁茶；二道为炉干菜饼、蒸豆芽饼，随鸡馅饺；三道为炉牛郎卷、蒸菊花饼，随圆肉茶；四道为炉烙馅饼、蒸风雪糕，随鱼丝面。

四样面饭：盘丝饼、蝴蝶卷、满汉饽饽、螺蛳馒头。

四望菜碟：干酪、白菜、桃仁、杏仁。

饭：米饭、稀饭。

四拼碟子：盐水虾、松花蛋、佛手蜇、芹菜头、南火腿、白板鸭、头发菜、红皮萝卜。

四高桩碟：红杏仁、大青豆、小瓜子、白生仁。

四鲜果碟：橘子、青果、石榴、鸭梨。

四干果碟：白桃仁、茶尖、松子仁、桐子仁。

四糖饯碟：苹果、莲子、百合、南荠。

豪绅贵人多半如孔子所说"饱食终日，无所用心"，乐得将时间浪掷饭局。满汉全席肴馔之繁复，仪节之琐杂，一顿饭吃个通宵半日不足为奇。就算把酒叙话，这么久坐下来，也不免疲累，是故筵席主人会请梨园子弟唱戏消遣，边吃边看，好让时间过得快一些。半晌，杯盏狼藉，汤汤水水四处淋漓，照例还要翻席、翻台，把席面重新换过，众食客贾其余勇，再接再厉，继续大吃。

抗日战争爆发后，国难当头，满汉全席这种不合时宜的奢侈筵宴淡出了国人视线。二十世纪六十年代，它又突然在日本、中国香港走红，其推动者可能是中国香港餐饮界。1965年，日本派出一支"满汉全席品尝团"，为了尝几道菜巴巴地远渡重洋来到香港。随后十几年间，类似的品尝团络绎不绝。

二十世纪八十年代末，日本和中国香港煽扬了二三十年的满汉全席热，随着改革开放的春风吹进了内地餐饮界。一时各式传说天花乱坠，什么"清朝最高规格皇家大宴"，什么"两百一十八道菜，吃完得花四天四夜"，在那个信息刚刚疏通、思想刚刚解放的年代，满汉全席带着夸张神奇的色彩迅速风靡，终至于举世皆闻的地步，造成了本章篇首提到的误解。

第三部分

千古风流吃货

白居易 🖐

　　自来谈及古时的吃货，可能会想起手创"五侯鲭"的娄护、皇帝求食而卒不可得的一代厨神虞悰、什么都能下嘴的苏轼、传闻忙着给各路小吃店题词的乾隆帝、写出清朝版"米其林指南"《随园食单》的袁枚，甚至每顿早餐至少吞入六个鸡蛋的袁世凯，而似乎少有人会想到白居易。

　　白居易吃货属性的隐藏主要还是因为他诗章太多。他自谓"遇物辄一咏，一咏倾一觞"，干点什么都忍不住写首诗，写成一句奖励自己喝一杯酒，也不知他这到底是为了写诗，还是纯粹为了找个由头过酒瘾。这么左一杯，右一杯，越喝越亢奋，诗也越写越多，单是传到现在的就超过两千九百篇。人所瞩目者，多是那些讽喻时政、切近民生、兴寄抒情的作品，饮食之作杂然其间，并不显得如何突出。

白居易出身世敦儒业的书香门第，祖父、父亲皆曾主政地方，他的家境算不上贫寒，从小饮食就不算差。二十八岁进士及第，三十二岁授秘书省校书郎，步入仕途，手头上更是逐渐宽裕了。尔后，"五年职翰林，四年莅浔阳。一年巴郡守，半年南宫郎。二年直纶阁，三年刺史堂"。宦游南国多年，交游遍及天下，这就少不了与朋友同僚喝酒应酬。

白居易诗风浅近通俗，平易近人，世传他每每推敲词句，皆以"老妪可解"为收录标准，因而世人对他的印象偏向温润君子、温厚长者。实则白居易之任情潇洒不在元稹、杜牧、柳永这等风流才子之下。看他那些找乐子的诗歌，不是在吃吃喝喝，就是走马章台，倚红偎翠。

煮一壶紫笋茶，配一碟生鱼片："茶香飘紫笋，脍缕落红鳞。"喝酒更是少不了鱼片，有一段时间，白居易在外大快朵颐，吃得过瘾，连故乡都不想回了："绿蚁杯香嫩，红丝脍缕肥。故园无此味，何必苦思归。"看美人跳舞，秀色虽然可餐，终归填不饱肚子，还是得来一盘鱼片："朝盘鲙红鲤，夜烛舞青娥。"

赏美人、啖鱼片，如此体验，美妙绝伦，白居易忍不住又试了一回："萍醅箬溪醑，水鲙松江鳞。侑食乐悬动，佐欢妓席陈。风流吴中客，佳丽江南人。歌节点随袂，舞香遗在茵。"

茶酒美人，瞧瞧这天天过的都是什么日子。这也难怪，白居易一代诗坛宗主、文苑巨星，名气与现在的娱乐圈天王一样，当真是天下谁人不识君。他对元稹说："昨过汉南日，适遇主人集众娱乐，他宾诸妓见仆来，指而相顾曰，此是《秦中吟》《长恨歌》主耳。"随便走到哪里，谁人不欲一睹风采？

白居易生于河南郑州，生平多半时间在华北，特别是京洛一带度过，却对江南饮食情有独钟，诗中所记率多为此。在主食方面，白居易特别喜欢稻米饭，包括南方的獐牙稻，以及河南府出产的陆浑稻。

唐宪宗元和十年（815），白居易贬谪江州司马，这是他仕途的沉重打击，也是人生一大转折。他领命乘舟南下，意兴萧索，日上三竿，还不想起床。老婆孩子都在船上，身为家里的主心骨，总不能一直这样消沉，勉力振作精神，爬起床来，吩咐船家蒸米饭，炖鲤鱼汤。吃饱洗漱一毕，悄立船头，观江流浩然，想起《楚辞·渔父》中的一句话："沧浪之水清兮，可以濯吾缨；沧浪之水浊兮，可以濯吾足。"人生穷达宠辱，进退沉浮，各有各自的际遇缘法。君子持身守正，身处清流浊流，均当善假于物，况且塞翁失马，焉知非福？于是作诗一首：

舟行

帆影日渐高，闲眠犹未起。

起问鼓枻人，已行三十里。

船头有行灶，炊稻烹红鲤。

饱食起婆娑，盥漱秋江水。

平生沧浪意，一旦来游此。

何况不失家，舟中载妻子。

从前樯帆行缓，船舶轻易不靠岸，就算靠岸，岸上也未必

有处打尖，所以乘客食宿基本在船上，这就形成了独特的"船菜"。船家于自家船上后艄支起炉子，取鲜活水产，如鱼蟹、鸭子、菱藕，手自烹调。

唐宋之际，搭乘酒舫、"江山船"这种专供取乐的古代游艇漫游江湖已经蔚为风尚，一架画舫就是一个移动的高档餐厅。豪客雅士要酒要茶，要点心要菜，或由船家自备，或有采菱的丫角、货鱼的小贩，棹舟近前兜售，又或直接叫外卖。

南宋高宗晚年禅位给孝宗，自己当了太上皇，搬进秦桧的老宅子。孝宗三天两头跑去请安，伺候高宗游山玩水，有时玩得兴起，就在附近做船菜的小舟上叫外卖。那时湖上有个宋五嫂，做得一手好鱼羹，经皇上宣唤御赏，一夜爆红，遂成巨富。

明清的苏州船菜擅用卤汁调味，卤笋、卤鸭、卤黄鱼，鲜掉舌头，俨然一张文化名片，清初沈朝初《忆江南》道得妙："苏州好，载酒卷艄船。几上博山香篆细，筵前冰碗五侯鲜。稳坐到山前。"

在白居易的时代，船菜尚未精工细作到明清时的程度，亦自不俗，白居易多番领略，数度留诗。唐穆宗长庆二年（822），他由中书舍人外任杭州刺史，本来应该走汴州，经徐州南下就任，谁知就在奉旨的那几天，汴州军乱，朝廷派的节度使差点儿被乱军砍死。看来这条路是绝对不能走了，白居易只好改道襄、汉，机缘巧合之下，重历当年谪入江州的路线。路线相同，境遇迥异，这番再吃米饭、喝鱼汤、看江水，心境自然完全不一样了，于是便有了下面这首诗：

初下汉江舟中作寄两省给舍

秋水渐红粒，朝烟烹白鳞。

一食饱至夜，一卧安达晨。

晨无朝谒劳，夜无直宿勤。

不知两掖客，何似扁舟人。

尚想到郡日，且称守土臣。

犹须副忧寄，恤隐安疲民。

期年庶报政，三年当退身。

终使沧浪水，濯吾缨上尘。

诗的最后说，"终使沧浪水，濯吾缨上尘"，算是给前作《舟行》续写了一个欢喜结局。因为心情大好，上回再三再四不愿起床，这次却起了个大早。"朝烟烹白鳞"，这朝烟总不会是在被窝里看见的。

白居易的诗一向抱有孩童般的坦诚和率真，对于自己赖床这件事他厚着脸皮在诗里反复承认过。"怕寒放懒日高卧，临老率言牵率身""日高犹掩水窗眠，枕簟清凉八月天""卧听冬冬衙鼓声，起迟睡足长心情""叶覆冰池雪满山，日高慵起未开关"。

白居易晚年时候，生活清逸安闲，越发天天睡懒觉不想起床，他毫不掩饰地表示，冬日贪睡，日上三竿犹自稳稳当当躺在那里，喊既喊不起来，米粥诱人的香气亦不能令他离开亲爱的被窝，亦作诗一首：

风雪中作

岁暮风动地，夜寒雪连天。

老夫何处宿，暖帐温炉前。

两重褐绮衾，一领花茸毡。

粥熟呼不起，日高安稳眠。

……

从船上所作的两首诗来看，白居易偏嗜饭稻羹鱼组合。船上吃鱼方便自不消说，他晚年回到洛阳，"洛鲤伊鲂，贵于牛羊"，虽然鱼货难得得很，但依然千方百计地张罗，以餍馋瘾。

与《风雪中作》同写于唐文宗太和八年（834）的《饱食闲坐》开头便道"红粒陆浑稻，白鳞伊水鲂"，灶上煮的是洛阳特产陆浑稻，甑中蒸的是中原最出名的伊水鲂鱼。因此白居易不再赖床，一早起来满心期待地等着开饭。

也不知白居易往厨房方向望了多少眼，好不容易盼到帮厨的童儿来请，急忙扑向饭桌，只见热腾腾的大米饭，鱼肉细嫩，鲜香四溢。接着"箸箸适我口，匙匙充我肠"，一筷一筷，一匙一匙，大口狂吞，什么山珍海味、名爵富贵，于此狼吞之际，尽数忘却。大千世界、茫茫宇宙，此时此刻只有一件重要之事，那就是干饭。

饱食闲坐

红粒陆浑稻，白鳞伊水鲂。

庖童呼我食，饭热鱼鲜香。

箸箸适我口，匙匙充我肠。

八珍与五鼎，无复心思量。

……

唐武宗会昌二年（842），白居易以刑部尚书正式退休。老来居家，饮食清淡，间或动一回荤，总少不得白鳞鲂鱼、红粒米饭。

二年三月五日斋毕开素当食偶吟赠妻弘农郡君

睡足肢体畅，晨起开中堂。

初旭泛帘幕，微风拂衣裳。

……

以我久蔬素，加笾仍异粮。

鲂鳞白如雪，蒸炙加桂姜。

稻饭红似花，调沃新酪浆。

佐以脯醢味，间之椒薤芳。

老怜口尚美，病喜鼻闻香。

娇骒三四孙，索哺绕我傍。

山妻未举案，馋叟已先尝。

……

通常鱼由市场购得，白居易在江州之时"溢鱼贱如泥，烹炙无昏早""晓日提竹篮，家僮买春蔬。青青芹蕨下，叠卧双白鱼"。

而除了芹菜和蕨菜，最常搭配鱼馔的是笋。文人称笋为谦谦君子，笋的个性独特，对于一切同器食材都不假辞色，谁的账也不买，遗世独立，清高自持，入脂膏而不腻，近腥臊而不膻，清清爽爽地下锅，同一众食材搅在一起，又清清爽爽地出来。当你夹一筷入口，它仍是一副清清爽爽的样子，其他食材味道再偏激，也不能影响它分毫。白居易爱这清新的味道，《晚夏闲居绝无宾客欲寻梦得先寄此诗》："鱼笋朝餐饱，蕉纱暑服轻。"
《初致仕后戏酬留守牛相公并呈分司诸僚友》："炮笋烹鱼饱餐
后，拥袍枕臂醉眠时。"他在江州还专门写过一篇《食笋》：

> 此州乃竹乡，春笋满山谷。
>
> 山夫折盈抱，抱来早市鬻。
>
> 物以多为贱，双钱易一束。
>
> 置之炊甑中，与饭同时熟。
>
> 紫箨坼故锦，素肌擘新玉。
>
> 每日遂加餐，经时不思肉。
>
> 久为京洛客，此味常不足。
>
> 且食勿踟蹰，南风吹作竹。

得笋下饭，胃口大开，"每日遂加餐"。后来回到北方，竹
笋难得，由是"此味常不足"。

白居易旅居江南几年，味觉上活脱脱变成了南方人，为了保
障有藕可吃，离任苏州时，千里迢迢地把苏州白莲移植到了洛阳。

种白莲

吴中白藕洛中栽，莫恋江南花嫩开。

万里携归尔知否，红蕉朱槿不将来。

六年秋重题白莲

素房含露玉冠鲜，绀叶摇风钿扇圆。

本是吴州供进藕，今为伊水寄生莲。

> 移根到此三千里，结子经今六七年。
>
> 不独池中花故旧，兼乘旧日采花船。

若非竹林无法移植，恐怕白居易也不惮一试。晚年退居洛下，常常约刘禹锡吃饭。两人曾先后出任苏州刺史，苏州有什么好吃的，彼此门儿清。于是老哥儿俩切磋毕诗文，"吐槽"罢朝政，便吞着口水，回忆起当年的口福：

> 和梦得夏至忆苏州呈卢宾客
>
> 忆在苏州日，常谙夏至筵。
>
> 粽香筒竹嫩，炙脆子鹅鲜。
>
> 水国多台榭，吴风尚管弦。
>
> 每家皆有酒，无处不过船。
>
> ……

白居易的两位至交，"有月多同赏，无杯不共持"的元稹先他十五年谢世，刘禹锡与白居易同岁，在他退休之后，最常来串门的便换成了刘禹锡。白、刘二人皆嗜酒，谁家新酿初熟，必飞笺相邀。那首著名的"绿蚁新醅酒，红泥小火炉。晚来天欲雪，能饮一杯无？"即是白居易备好了新酿，点起了炉子，给刘禹锡发的邀请。也多亏当时通信技术落后，请人需以束帖。倘若换成现代，新酒火炉，微信拍张照片，附一句"来喝酒"，或许这首脍炙人口的千古佳作就不会问世了。

两位诗豪酒鬼凑在一处，十首诗倒有八首是在约酒，家里酿酒的速度根本供不上他俩鲸吸豪饮，家里喝个底儿掉，便约去酒店：

与梦得沽酒闲饮且约后期

少时犹不忧生计，老后谁能惜酒钱。

共把十千沽一斗，相看七十欠三年。

闲征雅令穷经史，醉听清吟胜管弦。

更待菊黄家酝熟，共君一醉一陶然。

唐文宗开成四年（839），白居易患上风疾，发作的时候，老老实实遵医嘱，滴酒不沾，一旦病势稍缓，便立马奔到刘家要酒喝。这时二人皆年近古稀，龙钟困顿，可是一见了面，还是忍不住倾觞共醉。

白居易的《病后喜过刘家》《会昌春连宴即事》等皆是此时共饮之作。虽然白、刘二人志趣略殊，然旷逸超脱、豁达轩昂，全无二致，如白居易自己所说："死生无可无不可，达哉达哉白乐天！"

孟浩然

孟浩然一生布衣，始终无缘仕途。中年时，也曾逗留洛阳数年求仕，未果。几年后，不死心，又赴长安赋诗太学，满座惊服，全无对手。

在京城做官的小弟王维得知孟大哥来踢场子，吓了一跳，匆匆赶往太学把他拉到翰林院，好茶好菜款待，想做官咱们慢慢来，别一言不合就踢场子呀。正劝着呢，忽然闻报皇上驾到，孟浩然吓得躲进床底。

王维不敢欺君，禀告说："孟浩然在微臣这里做客。"

唐玄宗说："那好得很啊，这人名头不小，既然在此，叫出来见见吧。"

于是孟浩然战战兢兢地从床底下爬出来作诗，心情大致与学生突然被老师叫上黑板做题是一样的，慌慌张张，口不择言，作了一句"不才明主弃"。

唐玄宗听了，大皱眉头，说："你不求进取，怎么反而诬赖朕弃你？"遂将孟浩然撵出了京城。

又过了几年，孟浩然做官之事有了转机。山南道采访使韩朝宗表示，愿意带孟浩然入京，并向朝廷荐举。两人约下日子，孟浩然收拾收拾行装，准备启程。临行之际，突然有朋友来送行，孟浩然不好意思不招待，就设宴款待。朋友当然不推辞。吃着吃着，约定的时辰到了，家里人提醒"君与韩公有期"，莫误了韩公的约会啊。孟怒道："业已饮，遑恤他！（没看见正喝着酒吗？没那闲工夫！）"韩朝宗左等右等，始终不见孟浩然来，找上门一看，里面正喝得酒酣耳热、杯盏狼藉，遂大怒辞去。

又过了几年，孟浩然年事渐高，背上生了疽，反复医治多年，险些将一条命搭进去，总算行将痊愈。及至开元二十六年（738），王昌龄被贬广东，孟浩然曾写诗相赠，约他一起吃鱼。王昌龄一直惦记着这事，两年后，王昌龄路过襄阳，巴巴地赶去拜访孟浩然。

故友重逢，孟浩然兴致很好，设宴款待，席间自然少不了当年许诺的鱼虾鲜货。孟浩然瞧着王昌龄大快朵颐，心想，病好得差不多了，吃一点儿也无妨吧。一个没忍住，吃了很多，最终毒疮复发而死。

苏轼

许多号称从宋代传到现在的名菜都贴着苏轼的标签，比如东坡肉、东坡肘子、东坡鱼、东坡豆腐、东坡茯苓饼……

苏轼一生宦辙遍及天下，西起峨眉，东至钱塘，北抵辽界，南临沧海，站在大宋食物链之巅，人间四方美食，他没吃过的恐怕不多。而不是人间美食的，苏轼也吃过。

苏轼和苏辙同在京城的时候，有一次，附近凿井挖到一种植物，嫩白如婴儿胳膊，指掌具备，宛然若真，在场众人都不认得，拿着去请教见多识广的苏轼。苏轼说："啊，幸好你们没有贸然处理，快快交给我。"大家见他神情严肃，料想许是什么妖物，多亏有苏学士在，才没惹出乱子。大家望着苏轼捧着那植物离去的背影，纷纷赞佩感激不已。苏轼回家，就请苏辙过来，一块儿把这玩意儿炖着吃了……

东坡肉、东坡肘子、东坡鱼、眉公糕、眉公布、眉公马桶之类几许确系苏轼手创，有多少只不过借了他老人家的名头，难以确考。这些乱七八糟的东西纷纷归美苏轼，除了他招牌响亮，遗泽深远，深得士林推崇、百姓爱戴，亦缘于苏轼的周识博闻，敢于并乐于验证自己的理论。

宋神宗元丰三年（1080）至元丰七年（1084），苏轼因乌台诗案困居黄州，连俸禄都遭剥夺，几乎无法度日。幸得友人之助，申请到一块荒地（这块地位于黄州之东，苏轼遂号"东坡"），乃率领家人"晨兴理荒秽，带月荷锄归"，手植躬耕，积累下农事和料理食材的经验。他留心收集烹饪技法，不辞亲劳地临灶掌勺，像做实验似的搭配食材、尝试各种吃法，终由美食家升级成了一流厨子。练成一手上乘厨艺，苏轼也不自禁地得意起来，像小孩子穿了新衣，总忍不住显摆给人看。

与朋友书札往还，苏轼更乐于分享烹饪经验，如此虽天各一方，大概也相当于请朋友吃饭了。当年同城而居的老友钱勰寄来一部新刻的著作以及若干鲜笋，苏轼大喜，回给人家一张菜谱：

新刻特蒙颁惠，不胜珍感。竹萌亦佳贶，取笋簟菘心与鳜相对，清水煮熟，用姜芦服自然汁及酒三物等，入少盐，渐渐点洒之，过熟可食。不敢独味此，请依法作，与老嫂共之。呵呵。

菜谱所录乃是一条山野气的鳜鱼，辅材选竹笋、蕈子和菘心（白菜心），皆清新淡雅之物。以上清水煮熟，只用姜、萝卜汁、酒和少许盐调味。信的末尾说，试验出此法，不敢独享，请钱兄跟嫂子一块儿尝尝。最后还配了"呵呵"二字，简直与现代好友之间发消息一模一样。

元祐初年（1086），苏轼与钱勰同殿为臣，气类相善，结成挚友。此后沉浮与共，聚散无常，而情谊历久弥深。今《苏东坡全集》终收录二人往还书信五十七通之多，往往涉及饮食，或约对方吃饭。

南宋曾慥在《高斋漫录》中说，有一次钱勰折简请客，说是要请苏轼吃"皛 [xiǎo] 饭"，就算以苏轼之博学，也从来不曾听说过皛饭为何物。来到钱家，相将落座，端上来一碗白米饭，一碟萝卜，一盏白水。原来三"白"为皛，是为皛饭。苏轼捏着筷子，面无表情地看着鼓髯大笑的钱勰，意识到自己被耍了。过了几日，苏轼也写了一个帖子，请钱勰吃"毳 [cuì] 饭"。钱勰思量着这必是苏轼的反击，但他猜不出毳饭是什么，估计当是三种多毛的食物，做足了思想准备。见到苏轼，也不问他，苏轼也就不提，两人海阔天空地直聊到太阳落山，苏府上连一粒米都没端上来。钱勰饿得肚子都瘪了，终于忍不住开口询问，说想见识见识那毳饭到底是什么东西。苏轼道："萝卜、白水、米饭都冇 [mǎo]，就是毳饭。""冇"就是"没有"的意思，与"毛"谐音，"三冇"就是三样皆无。钱勰一脸无奈，苦笑道："开玩笑，谁也比不过你苏子瞻。"

苏轼患有严重的痔疮，但这也没妨碍他胡吃海喝。吃遍天下后，他评选出心中三绝：荔枝、河豚、江珧柱，他说："予尝谓荔支（枝）厚味高格两绝，果中无比。"然后是河豚，逢人便夸河豚的美味，人家提醒他当心中毒，苏大胡子捧着胀得像气球一样圆鼓鼓的河豚，哈哈大笑道："这么好吃的东西，吃死了也值得！"

有一次苏轼冒着雨赏牡丹，赏花照例要赋诗应景，然而苏轼满心惦记着吃，张口吟了一首《雨中明庆赏牡丹》：

霏霏雨露作清妍，烁烁明灯照欲然。

明日春阴花未老，故应未忍着酥煎。

诗的大概意思是：牡丹开得这样好，实在不忍心煎来吃。

没错，吃牡丹。

当时，牛酥煎牡丹花蕊可是极品美食。苏轼写这首诗时花事正热闹，他眼巴巴地盯着牡丹花，硬是忍住了没折回去吃，总算在一众文人同僚面前堪堪保住了一点儿名士风雅。

牛酥煎牡丹是哪位高人发明的不可考。五代十国，后蜀宰相李昊赠朋友牡丹时总要再搭上一份牛酥，还郑重叮嘱："花谢后赶紧煎了吃，别暴殄天物。"真是焚琴煮鹤，大煞风景。不过宋人原本雅尚食花，《山家清供》云，南宋高宗的吴皇后清检不喜杀生，日常茹素，凡食生菜，必采牡丹花瓣，或拾取梅下落花杂入。杨万里《夜饮以白糖嚼梅吃》亦道："剪雪作梅只堪嗅，点蜜如霜新可口。一花自可咽一杯，嚼尽寒花几杯酒。"梅花下酒，足见风流。

苏轼写诗的时候经常走神，本来好端端地咏叹着美景，咏着咏着……咦，这个好像可以吃？画风急转，西北望射天狼的豪迈汉子突然变成长流哈喇子的吃货。他的名作《惠崇春江晚景》就属于这种情况：

竹外桃花三两枝，春江水暖鸭先知。

蒌蒿满地芦芽短，正是河豚欲上时。

前三句一本正经，最后一句原形毕露。

苏轼从初出茅庐起，就开始写诗记录自己经历的饭局、买过的好吃的，这样的记录贯穿了他的一生。

苏轼二十岁出头时自老家四川回京城，路上吃鳊鱼，买野鸡，"百钱得一双，新味时所佳"。二十五岁，独自一人居官客乡，除夕夜邻居请客吃年夜饭，"东邻酒初熟，西舍豚亦肥"。三十九岁，牧徐州，冬尽食春菜"烂蒸香荠白鱼肥，碎点青蒿凉饼滑"。五十三岁，二度知杭州，大吃点心"纤手搓来玉数寻，碧油轻蘸嫩黄深"。五十四岁，出任颍州知州，有人送了一条二十斤重的大鱼，求苏轼赠首诗，苏轼戏嫌人家的鱼小，"饷鱼欲自洗，鳞尾光卓荦。我是骑鲸手，聊堪充鹿角"。五十七岁，南谪英州（今广东英德），失意旅途，买碗豌豆大麦粥果腹，还写信安慰儿子，"逆旅唱晨粥，行庖得时珍"。继而再贬惠州，带着白酒、鲈鱼到长官家吃槐叶冷面，"青浮卵碗槐芽饼，红点冰盘藿叶鱼"，吃饱喝足后大睡一觉，顿觉人生还是滋味无穷。六十岁后，贬海南，僻壤荒徼，无可悦舌，苏轼第三子苏过苦中作乐，煮芋头为羹，色香味皆奇绝，"莫将南海金齑脍，轻比东坡玉糁羹"。六十三岁，大赦北还，苏轼心情极佳，什么都倍觉美味，龙眼堪比荔枝，"累累似桃李，一一流膏乳"。直到他去世的那一年，还在"小楼看月上，剧饮到参横"，喝酒喝到深夜。

苏轼一生仕途多舛，但生性豁达，总能寄情于吃，"寄至味于淡泊"，屡挫不倒。政敌希望看到他被贬后失意落魄的样子，然而苏轼每每于恶劣的逆境，慧眼发现美食，并且乐在其中。

从京城贬到杭州，东坡肉问世了；"乌台诗案"，险些被处以极刑，终改贬逐黄州，刚刚死里逃生的苏轼转眼就因这里的"长江绕郭知鱼美，好竹连山觉笋香"而大饱口福；贬去岭南惠州，发现这里荔枝多得吃不完，简直是天堂。

及至垂暮之年，苏轼被贬去当时条件最艰苦的不毛之地——海南儋州，"食无肉，病无药，居无室，出无友"，几乎没什么好吃的东西，年迈多病的苏轼没有放弃，很快他发现当地的牡蛎特别肥鲜。接着，他像野外生存专家一样，抓蝙蝠、抓果子狸、抓蟾蜍，还写信告诉苏辙，说蟾蜍味道挺好。

遇到苏轼这样的对手，真是够让政敌们头痛的，即使把他贬谪到最荒凉的地方，即使命运予以再沉重的打击，他也能笑着活下去。

苏轼为自己写过一首自题像式的赋，题目取得贴切——《老饕赋》，从此，"老饕"一词成了吃货的雅称。赋的最后一句，苏轼写道："先生一笑而起，渺海阔而天高。"

作为一个老饕，幸福得要飞起。逍遥山川之阿，放旷人间之世，吃饱喝足，翱翔天地。

陆游

如果要在南宋给东坡先生找一位饭搭子，那么毫无疑问，首选陆游。

此二人相似的胸怀家国，关心民生疾苦，词风豪迈，而温柔以待平淡生活；相似的漂泊半生，得志时寡，失意时多；相似的痴情、安贫乐道、自力更生；陆游长期盘桓四川，苏轼亦曾居官浙江，彼此对对方故乡风物了解精详。

更重要的是，陆游也是一个资深吃货，对东坡菜谱还颇下过功夫研究，晚年所作的《对酒》中可窥见一二：

> 密污持苫屋，寒芦用织帘。
>
> 麤肩柴熟罨，菭菜豉初添。
>
> 黄甲如盘大，红丁似蜜甜。
>
> 街头桑叶落，相唤指青帘。

"麤肩柴熟罨"一句，自注："东坡煮猪肉诀云：净洗锅，少着水，柴头罨烟焰不起。"其他文人吟诗填词，多是风花雪月，只有他二位，蹄子、肘子、红烧肉，大碗大碗的好酒好菜往诗里揣。可惜二位豪放派老饕无缘谋面，否则大可横箸谈诗，煮菜论剑，好好切磋切磋美食心得。

宋代文学以词著称，苏、陆二人却是诗作远多于词。陆游自称"六十年中万首诗"，现存超过九千首，以数量论，大概是仅次于乾隆帝的历史第二。陆游自己说"世味渐阑如嚼蜡，惟诗直恐死方休"，从少年时代到驾鹤之前，平均每两天写一首诗，作诗成了条件反射，衣食住行、见闻思梦，无事不可入诗。杜甫是以诗记史，陆游把写诗当成日记，唯其如此，后人方得踏足诗篇铺筑的甬道，重历这位浪子诗人的一生。

世人一生恨事，常言爱情与事业，在这两方面，陆游遗恨无穷。他十九岁那年，娶得表妹唐氏为妻，唐氏亦为才女，二人意气相投，琴瑟相谐，奈何婆媳关系恶劣，致无可调和，被迫劳燕分飞。此后二人邂逅沈园，互赠《钗头凤》词，字字泣血，又数年，唐氏郁郁而终。此恨长梗陆游心中，无可释怀，他用尽一生自责、忏悔、悼念，六十年后目触故景，犹自肝肠寸断：

> 城南亭榭锁闲坊，孤鹤归飞只自伤。

> 尘渍苔侵数行墨，尔来谁为拂颓墙。

这首《城南》作于宋宁宗开禧二年（1206），陆游时年八十一岁。

> 沈家园里花如锦，半是当年识放翁。
> 也信美人终作土，不堪幽梦太匆匆。

这首《春游》作于宋宁宗嘉定元年（1208），当时的陆游已经八十三岁。

陆游的诗作，不论是清旷淡泊的田园诗，还是豪迈雄慨的报国诗，总是蒙着隐隐约约的沉郁悲苦。他状写生活片段的诗文，字里行间，即使美食当前，亦不免有拂不去的悲怆郁郁，触事惆怅，比如这首《晨起偶题》：

> 城远不闻长短更，上方钟鼓自分明。
> 幽居不负秋来睡，末路偏谙世上情。
> 大事岂堪重破坏，穷人难与共功名。
> 风炉歙钵生涯在，且试新寒芋糁羹。

那是宋高宗绍兴三十年（1160），三十五岁的陆游卸任福州决曹北归，五月到临安，为从政郎删定官。次年初夏，罢职乡居，百无聊赖，耳听晨钟暮鼓，默对风炉歙钵芋糁羹静静出神。

乾道二年（1166），主和派掌控朝局，一意避战求和，划疆守盟。陆游力主对金用兵，即遭弹劾罢官。二月，四十一岁的陆游离开隆兴府任，回归山阴（今浙江绍兴）老家，幽居镜湖三山。下面这首七言作于离任之前，诗中举出大批珍馐：牛尾、鸮炙、黄雀白鹅鲊、浔阳糖蟹、绍兴蒪菜，陆游皆无所求。为官者岂可惧饥寒而顾利禄，"万钟于我何加焉？"粗粝咸菜照样安度一生。

醉中歌

吾少贫贱真腥儒，贪食嗜味老不除。

折腰敛版日走趋，归来聊以醉自娱。

长瓶巨榼罗杯盂，不须渔翁劝三闾。

牛尾膏美如凝酥，猫头轮囷欲专车。

黄雀万里行头颅，白鹅作鲊天下无。

浔阳糖蟹径尺余，吾州之蒪尤嘉蔬。

珍盘饤饾百味俱，不但项脔与腹腴。

悠然一饱自笑愚，顾为口腹劳形躯。

投劾行矣归园庐，莫厌粝饭尝黄葅。

自隆兴罢归，陆游闲居乡间近五年。此时金主完颜雍厉兵秣马，准备南侵。宋孝宗畏惧，再度起用抗战派。乾道五年（1169）八月，以陆游旧友陈俊卿为左相，主持"采石矶大捷"的虞允文为右相兼枢密使。陆游大为振奋，致信陈俊卿说"敢誓糜捐，以待驱策"，做好了身死效国、捐躯前线的准备。是年十二月六日，四十四岁的陆游接获委任状，出任通判夔州军州事。次年闰五月离乡，溯江入蜀。下面这首五律就作于舟行旅程之中。

旅食

霜余汉水浅，野迥朔风寒。

炊黍香浮甑，烹蔬绿映盘。

心安失粗粝，味美出艰难。

惟恨虚捐日，无书得纵观。

抵达夔州，一年无所事事。一天公休，陆游躺在床上，想起从前泛舟采撷菱角、蔓菁，吃藕的时光，那里有十里平湖，惬意的草堂。突然柳营号角，一瞬的恬淡旋即破碎，回到国难深重的冰冷现实。这时的陆游又开始想念故乡了，留在夔州荒废岁月有什么用？不如回去，起码故乡还有菱藕可吃，吃货脸孔暴露无遗。

林亭书事

期会文书日日忙，偷闲聊得卧方床。

花藏密叶多时在？风度梳帘特地凉。

野艇空怀菱蔓滑，冰盆谁弄藕丝长。

角声唤觉东归梦，十里平湖一草堂（自注：峡中绝无菱藕）。

又过了一年，陆游忍耐不得，向丞相虞允文请求离开夔州，调任四川宣抚使司干办公事兼检法官。

乾道八年（1172）三月，陆游到达南郑，时年四十七岁。南郑地处当今天陕西汉中一带，当时已是宋金边城。陆游登上城楼，远望长安落日，青山如壁，故土蒙尘，敌军营垒历历可见，乃击筑悲歌，痛哭流涕。这是陆游一生中为数不多的身临前线、上阵杀敌的机会。

陆游身手不凡，自青年时代树立规复中原之志，潜心兵法，苦练剑术，"少年学剑白猿翁，曾破浮生十岁功"。后来又参学道法，致梦有九寸飞剑光华熠耀，破右臂而出。他一生漂泊万里，始终抑郁少欢，而得享高寿也应与长年习武魄强壮有关。

可惜长剑空利。乾道八年十一月，上司召还临安，陆游改调成都府路安抚司参议官，短短半载的戎马生涯就此告终。那一带因属边境，干戈扰攘，民生凋敝，离开了军饷，等闲连肉都吃不上一顿。赴任成都途中，累日无肉可食，陆游煎熬不已。走了好几天才买到一只羊，就着小酒，一洗馋恨。如此快意的日常当然要作诗，小手一挥就是一首五律：

道中累日不肉食，至西县，市中得羊，因小酌

门外倚车辕，颓然就醉昏。

栈余羊绝美，压近酒微浑。

一洗穷边恨，重招去国魂。

客中无晤语，灯烬为谁繁。

宋孝宗淳熙元年（1174）秋末，陆游奉命代理荣州知府，先去成都述职，夜里嘴馋，吃炒栗子，勾起了少年时代的京华梦。陆游在三十六岁之前，一直在京为官。清晨早朝之前，上朝的官员先到待漏院集合，恭候圣驾。

对于集合的时间，历代朝章规定不同，大体上在五更前后，那么百官至少在四更天，也就是凌晨三点左右，就需起床到班。时间太早，百官基本上来不及吃早餐，宋代朝廷会提供点心。当年陆游没少吃宫廷的炒栗子，印象深刻。食物触及的是味蕾，却

总能激发别样的感情。

夜食炒栗有感

齿根浮动叹吾衰，山栗炮燔疗夜饥。

唤起少年京辇梦，和宁门外早朝来。

次年，陆游罢知荣州，仍回成都，朝廷给他安排了一个职
务：主管崇道观。这种职事叫作"祠禄官"，是朝廷安置年迈官
员养老用的，领一份俸禄，不必真的去道观上班，不预政事，亦
无职权。对于心怀忠义、矢志报国的陆游来说，如此安排无疑是
轻视与打击，但他却无可奈何。那几年，陆游放飞自我，终日与
道士、僧人、剑客交游，野服萧然，乘马蜀山，遇到山村酒家，
便大醉一场。

陆游如同武侠小说里令狐冲一类的浪子，痴情、侠义、热
血，失意遣怀，往往自掷醉乡，"人间何处无酒楼""有沽酒处
便为家"。平心而论，陆游更嗜酒，而非贪吃，五十岁后，他的
食馔转向清淡恬素，席间常常不见荤腥。

食荠

日日思归饱蕨薇，春来荠美忽忘归。

传夸真欲嫌茶苦，自笑何时得瓠肥。

陆游吃素一方面是因为年纪渐长喜欢清淡饮食，另一方面是
因为穷。自淳熙八年（1181）去职，五十六岁的陆游陷入长期的
失业状态，迫得如晚年苏东坡那样，亲下园圃，手自耕种。陆游

种的东西不少，水果、韭菜、白菜、芜菁、葱、豌豆、芋头，一一记入诗文。

食荠十韵

舍东种早韭，生计似庾郎。

舍西种小果，戏学蚕丛乡。

惟荠天所赐，青青被陵冈。

珍美屏盐酪，耿介凌雪霜。

采撷无阙日，烹饪有秘方。

候火地炉暖，加糁沙钵香。

尚嫌杂笋蕨，而况污膏粱。

炊粳及齑饼，得此生辉光。

吾馋实易足，扪腹喜欲狂。

一扫万钱食，终老稽山旁。

蔬园杂咏五首·菘

雨送寒声满背蓬，如今真是荷锄翁。

可怜遇事常迟钝，九月区区种晚菘。

蔬园杂咏五首·芜菁

往日芜菁不到吴，如今幽圃手亲锄。

凭谁为向曹瞒道，彻底无能合种蔬。

蔬园杂咏五首·葱

瓦盆麦饭伴邻翁，黄菌青蔬放箸空。

一事尚非贫贱分，芼羹僭用大官葱。

岁月不居，时节如流，七载光阴，转眼即逝。淳熙十五年（1188），陆游入朝陛见，宋孝宗夸奖说："爱卿笔力，非他人可及。"陆游寻思，皇上夸我文笔好，难道要给一个史官做做？结果宋孝宗派了他督造兵器。

陆游一脸茫然地干了几个月，次年二月，孝宗禅位，皇太子赵惇登极，是为宋光宗。内禅前一日，孝宗手批陆游迁朝议大夫尚书礼部郎中，兼实录院检讨官，修《高宗实录》。年底，因"嘲咏风月"遭弹劾黜落，再度失业。

这番回乡连"祠禄官"也丢了，穷得柴米不继，在家日用艰难。吃的除了稀粥，就是咸菜，有时连喂猫的小鱼干都供不起。可怜猫咪辛苦捕鼠护卫书房，却跟着主人一道受穷，陆游心感歉疚，写了首诗送给小猫。

赠猫

裹盐迎得小狸奴，尽护山房万卷书。

惭愧家贫策勋薄，寒无毡坐食无鱼。

宋光宗绍熙二年（1191），诏陆游提举冲佑观，又有祠禄可领了，境况大为好转。新割的蜂蜜、炸的甜点、买的羊肉、擀的面条、捕的鲂鱼、打的野兔，家里热热闹闹。温饱之余，陆游怅然不乐，他这首诗题为《闲居对食书愧》，想起自己闲居在家，白领着工资，一未替朝廷分忧，二未替百姓效劳，惭愧不安。

老病家居幸岁穰，味兼南北饫枯肠。

满脾蜜熟馂餭美，下栈羊肥博饦香。

拨剌河鲂初出水，迷离穴兔正迎霜。

山僧一钵无余念，应笑先生为口忙。

　　这时的陆游年届古稀，老病侵寻。由于物价上涨，家里人口众多，收入不敷支用，终日齑盐自守。"年丰米贱身独饥，今朝得米无薪炊。"为了买头耕牛，连剑都卖了。偶尔得一篓鱼蟹，如获拱璧，足慰经岁萧瑟。宋人吃蟹，花样繁多，糟蟹、糖蟹、蜜蟹、酒蟹、醋赤蟹、辣羹蟹、橙醋洗手蟹、五味酒酱蟹、酒泼蟹、蟹鲊、炒蟹、炸蟹、蟹酿橙、洗手蟹，还有听起来很带国际范儿的"奈香盒蟹"。陆游家所用估计就是最寻常的蒸蟹。

偶得长鱼巨蟹，命酒小饮，盖久无此举也

老生日日困盐齑，异味棕鱼与楮鸡。

敢望槎头分缩项，况当霜后得团脐。

堪怜妄出缘香饵，尚想横行向草泥。

东崦夜来梅已动，一樽芳酝径须携。

　　宋宁宗庆元四年（1198），陆游祠禄期满，他不好意思继续白领这么一份工资，遂不复请。次年正式致仕，除了每月二十吊的退休金外，别无收入，为维持生计，开始典卖家当。此后，陆游的饮食均极朴简，从诗中看得出来，与寻常乡民无异。

朝饥食斋面甚美戏作二首·其一

一杯斋馎饦，老子腹膨脝。

坐拥茅檐日，山茶未用烹。

朝饥食斋面甚美戏作二首·其二

一杯斋馎饦，手自芼油葱。

天上苏陀供，悬知未易同。

自己下厨做一碗葱油面，吃完坐于茅檐之下，肚子慢慢鼓了起来，冲壶山茶消食，大概就是陆游晚年的日常写照。要想吃顿好的改善生活，全靠乡邻请客聚餐，陆游感激不已，直呼"我爱我的邻居"。

与村邻聚饮二首·其一

冬日乡闾集，珍烹得遍尝。

蟹供牢丸美，鱼煮脍残香。

鸡跖宜菰白，豚肩杂韭黄。

一欢君勿惜，丰歉岁何常。

与村邻聚饮二首·其二

交好贫尤笃，乡情老更亲。

鲑香红糁熟，炙美绿椒新。

俗似山川古，人如酒醴醇。

一杯相属罢，吾亦爱吾邻。

宋宁宗嘉泰二年（1202），权臣韩侂 [tuō] 胄为收买人心，力邀陆游出仕。虽然韩侂胄弄权，但后期坚持北伐抗金，与陆游道合，因此七十七岁高龄的陆游毅然冒暑赴京就职。正于此时，另一位毕生志图恢复、壮志难酬的豪杰辛弃疾亦在六十三岁的年纪响应北伐，起帅于浙东。两位白发苍苍而热血一如少年的老人似乎看到了漫漫长夜的一星微光。

嘉泰四年（1204），陆游多次婉拒了好友辛弃疾欲为他新造屋舍之助，送辛入朝，谆谆嘱咐，要辛弃疾以军国巨任为重，收敛刚肠疾恶的烈火脾气，不要理会朝中小人寻衅。只是陆游年事太高，有心杀敌，无力挽弓，眼看着北伐大计轰轰烈烈，不能请缨，唯有一碟丹梨，一团雪蟹，借酒抒怀。当然，此时饮酒与从前怒其不争时所饮，酒味自是不同。

对酒

素月度银汉，红螺斟玉醪。

染丹梨半颊，斫雪蟹双螯。

诗就吟逾苦，杯残兴尚豪。

闲愁剪不断，剩欲借并刀。

宋宁宗开禧二年（1206），下诏伐金。陆游贫匮愈甚，但为王师北伐之故，心情不错。儿孙间或打个野味、蒸笼包子，陆游便心满意足。

食野味包子戏作

珍馐贫居少，寒云万里宽。

叠双初中鹄，牢丸已登盘。

放箸摩便腹，呼童破小团。

犹胜濠西老，菜把仰园官。

当时宋军缺乏将才，前线屡战屡败，压力很大，主和派强烈要求议和，均由于宋宁宗与韩侂胄的坚持未果。开禧三年（1207）十一月，主和派孤注一掷，在上朝路上劫持韩侂胄并将其刺杀，盗其首级，送往金国。主战派群龙无首，登时失势，在主和派的主持下，宋廷再度吞下了屈辱求和的苦果。同年，辛弃疾高呼"杀贼"，溘然长逝。陆游理想破灭，昔日契交，次第故去，惨怆不能自已。这年，他晋爵"开国伯"，食邑八百户，饮食无忧，心境上遭受的打击却无以复加。

宋宁宗嘉定二年（1209），陆游忧愤成疾，一病不起，病中所食乃白菜羹、稻粱饭、栗子、柑子，极尽清淡。

病中遣怀·其五

菘芥煮羹甘胜蜜，稻粱炊饭滑如珠。

上方香积宁过此，惭愧天公养病夫。

病中遣怀·其六

开皱紫栗如拳大，带叶黄柑染袖香。

天与山家讲邻好，江天昨夜有新霜。

嘉定三年（1210）春，陆游带着无尽的遗憾与世长辞，享年八十五岁。临终之际，留下绝笔《示儿》遗嘱子孙。

死去元知万事空，但悲不见九州同。

王师北定中原日，家祭无忘告乃翁！

陆游录饮馔入诗，并非因为馋嘴贪食，他只是像记日记一般，在随手记录生活。陆游半世贫乏，诗中饮食大都清简平凡，委实没有囊括什么好东西，他也不像苏轼那样特意留心烹饪，国恨当胸，陆海看馐食如嚼蜡，又何来心思措意于此？

陆游字务观，他的名与字取自《列子·仲尼篇》："务外游不知务内观。外游者求备于物，内观者取足于身。"说的是游览天下，不如返躬内省，发现自己。然而时代塑造个体命运，任凭他怎么外游内观，将个体的能量发挥到极致，终究无法突破时代的樊笼，实现不了人生理想。

生在积弱之世，造就了陆游与辛弃疾忠愤磊落、慷慨纵横的诗词。但是若有选择，恐怕二公宁肯在强盛时代做一个寂寂无闻的村舍翁，"斫残玉瀣行穿竹，卷罢《黄庭》卧看山"。①

---

① 本篇时间线参考自：欧小牧.陆游年谱［M］.北京：人民文学出版社，1981.

倪瓒

如果古代人有洁癖，该怎么生活？

倪瓒，号云林子，元四家之首，丹青可称元代第一，其山水竹石清逸高远，殊无市朝尘埃气，在中国绘画史上另辟蹊径，卓然自成一家，为后世推崇备至。

倪瓒出身富贵之家，从小接受道家教育，养成不凡的眼界和清高孤傲的性子。他的人格同画一样，高冷狷介，无法忍受任何多余、冗杂、俗套和肮脏。用今天的话说，就是极简主义外加重度洁癖。他的居室永远一尘不落，衣衫永远纤尘不染，每天换好几身衣服，连屋后的大树都要求小厮提桶水拿块抹布整日擦洗，简直是文士版西门吹雪。

一次朋友拜访他，夜里留宿。中夜时分，倪瓒听见朋友咳嗽了一声，就此翻身打滚儿地睡不着了。次日天亮送走了朋友，赶紧使唤仆人到朋友居住的卧室打扫，说半夜客人吐了口痰，一定要找到在哪里，并清理干净。仆人找了半天没找到，随便捡了片树叶敷衍倪瓒，还拿过去给他看。倪瓒哪肯正眼看这个？催促仆人拿到三里外扔掉。

古人的厕所往往简陋，但倪瓒的厕所别具一格，他直接建了一个空中楼阁式的厕所，在上层如厕，下层坑里铺满鹅毛。污物落下，激扬鹅毛覆于其上，盖得严严实实，一丝臭气都透不出来。

这样一位才华傲世的"高洁"之人，却对烹饪怀有狂热之心。倪瓒一生鄙夷权位、财富，无比向往清寂、极简的生活，事实上，他从未真正离开世人的视野而隐居起来，除了家道落败，困顿风尘的现实无奈，也实在割舍不下人间烟火、口腹之欲。

除水墨丹青之外，倪瓒留给后世的还包括一部食经《云林堂饮食制度集》，详载烹饪技法，具体翔实，一丝不苟，为古代食谱翘楚。其中一道烧鹅连以挑剔著称的袁枚也激赏不已，收入《随园食单》，题名"云林鹅"。

鹅处理干净，掏除脏腑，多用佐料，即葱、花椒、蜜、盐、酒厚厚涂抹腹腔，鹅体表面亦同样涂以蜜和酒。鹅腹朝上，按1:1的比例，水兑酒蒸。成品润泽油亮，肉腥尽去，佐料的味道渗入肌理，香而不腻，嫩而不柴。

吃蟹同样讲究。

熟螃蟹剔取肉，拌少许花椒末。笼屉底先铺一层荷叶，铺一层绿豆粉皮，最后才均匀摊开蟹肉。生鸡蛋或鸭蛋，加些许盐，打匀，浇在蟹肉上，略蒸片刻，蒸到蛋液凝固，取出切块。蟹壳熬汤，加入捣烂的姜末、花椒末，淀粉勾芡。菠菜铺在碗底，放入蛋蟹肉，浇汤即成。

另一道蒸蟹略加变化，与后世"芙蓉蟹斗"诸多相像，当时唤作"蜜酿蝤蛑"。

梭子蟹盐水略煮，一旦上色便即捞出。掰开蟹壳，取出螯和蟹腿之肉，断成小块，摆入蟹壳。蜂蜜加少许鸡蛋搅拌，浇在壳内，上敷一层油脂，上笼蒸。注意拿捏火候，鸡蛋凝固即可，不可蒸过，否则蟹肉易老。捣碎橙皮，加醋快啖。

鲤鱼汤，简单易为。

第一种吃法：姜去皮切片捣成泥，丢几颗花椒进去，略冲些酒。鱼斩块，酒和水各占一半，架火上炖。先加老抽，三次沸腾后，加姜椒汁提味去腥，汤再沸即可起锅。

第二种吃法：烧热油，略爆姜和花椒，旋即盛出备用。仍用此油煎鱼，至鱼皮焦黄，加水，投姜、椒，加酱油，三次沸腾后，起锅即成。

倪瓒是江苏无锡人，擅长发挥黄酒提味的效用，比如做田螺。

选大个儿田螺，敲碎，取其头部螺肉，用砂糖浓拌，静置一顿饭时间，像削梨子皮一样，一圈圈把田螺肉片成片，用葱、花椒、酒腌片刻，入清鸡汤氽食。

制花茶，工艺与现代不同，但原理一致，比如荷花茶。

晨炊方毕，旭日初升，倪瓒的小厮就被迫起床，怀抱一兜茶叶，捏起一星，小心翼翼塞进池子里即将绽放的荷花花苞里。不用理会完全不情愿的荷花，只管塞满，取根细线将花扎起来。第二天清晨摘下荷花，用纸包好晒干。如此一份茶叶需经三朵荷花，最后吸饱荷香的茶叶收入锡罐，封口存放。

倪瓒一生卓尔不群，于人、于己均持以极其严苛的要求，正是这样的完美主义和苛刻态度，成就了名垂青史的一代极简派画坛宗师及匠心独运的美食大家。

元朝末年，倪瓒预感天下将生巨变，于是散尽家财，扁舟箬笠，浪迹林泉，同他的画作、他的美食一样，归真返璞，回归自然。

李渔

李渔是中国古代文人坐标上一个特异的存在，他的品格似乎清雅傲逸，又似乎下作不堪。他出身商贾之家，走的是士人路子；对支持他读书的母亲竭尽孝忱，而一切缅怀亲人的文字中，几乎从未提及与他三观不合的父亲，按照儒家传统，显然大违孝道；他是明朝遗民，不愿屈事清廷，终身白衣，耕云钓月，却为了生计与生活，一再率同姬妾组成的剧团周旋于显贵权门；他既是瑰意琦行、藐视世俗的狂生，也是靠"打秋风"筹资过活、声色货利的商人和"帮闲"。

生前身后，可谓誉满天下，谤声亦满天下。

这些极致的矛盾造就了李渔既雅又俗的文学特色和美学思想。以他的住所而言，李渔成年之后所选居止皆是他亲手设计的山湖庄园，梅窗竹壁，卧云听松，看上去仿佛避世隐居，清雅得很。其实李渔更接近享乐主义者，他的高情雅致，他的栖身烟霞，住在山庄里，不是为了远离红尘，而是为了过他的园林设计瘾以及贪图住得舒坦。

李渔除了住在山上这一点像隐士外，其余与隐士毫不沾边。他的生活中，姬妾环绕，丝竹萦耳，每天的任务就是极尽所能地找乐子。他的工作是写戏、排戏、写小说，也是取悦自己——至少他从不以工作为苦。此外诸如开连锁书店、买妾组成剧团、参加达官贵人的私人聚会演出拉赞助，桩桩件件，不脱时俗。

在饮食方面，李渔更不像一个隐者。中国传统的山林隐士大多怀有笃固坚守的信仰，愿意牺牲世俗的一切享受，包括饮食。条件好一些的，挖挖黄精、茯苓，饥一顿、饱一顿；万一隐居的那座山物产不丰，只好"采蕨薇而食"，拔几棵野菜充饥，很有可能营养不良，患上贫血、佝偻病等，隐着隐着，就病死或饿死了。就算不论隐士，儒家也强调不要注重个人饮食，孔子说"君子谋道不谋食""食无求饱"，孟子说"饮食之人，则人贱之矣"。

然而李渔的偶像是明代最具反叛精神的哲学家李贽，李贽致力于把孔子拉下神坛，所以李渔大概不怎么把"不贪吃"的圣训放在心上。他更不打算仿效真正的隐士，天天剥松子、吃野菜，吃得手足无力，佝偻贫血。李渔并没有必须舍弃世俗欲望的信念需要坚守，他本人也不擅长遏制自己的欲望，既然遏制不住，那就想办法满足。他曾经违心地"吐槽"人类的口腹之欲说：

吾观人之一身，眼耳鼻舌，手足躯骸，件件都不可少。其尽可不设而必欲赋之，遂为万古生人之累者，独是口腹二物。口腹具而生计繁矣，生计繁而诈伪奸险之事出矣，诈伪奸险之事出，而五刑不得不设。君不能施其爱育，亲不能遂其恩私，造物好生，而亦不能不逆行其志者，皆当日赋形不善，多此二物之累也……乃既生以口腹，又复多其嗜欲，使如溪壑之不可厌；多其嗜欲，又复洞其底里，使如江海之不可填。以致人之一生，竭五官百骸之力，供一物之所耗而不足哉……吾辑是编而谬及饮馔，亦是可已不已之事。其止崇俭啬，不导奢靡者，因不得已而为造物饰非，亦当虑始计终，而为庶物弭患。

这段话写在他的生活经验分享手册《闲情偶寄·饮馔部》序文里，作为他为自己成为一个吃货所找的理由和所做的剖白。

他把吃货贪吃的责任都推到老天爷身上："好端端的，老天爷干吗要给人类一张嘴、一副肠胃？给就罢了，偏偏又赋予诸多嗜好、诸多欲望，使得口腹如同沟壑江海，无法填满。人的一生，东奔西走，辛苦操劳，竭尽全力供应嘴巴，都不能让它满足，于是有人作奸犯科，朝廷不得不设置刑律。"

既然责任是老天爷给的，那么人类也无可奈何。接着李渔辩称，他之所以撰写饮食心得，就是为了替老天爷善后，用自己的生活经验，帮一部分人满足口腹之欲。欲望满足，作奸犯科之举就会减少，世道就会清平，皇上统治起来就省心不少。这番大道理是李渔的盾牌，盾牌举起来，掩护他的娱乐与享乐主义，掩护他的美学追求，抵挡一些古板道学先生的攻击。

古人作闲书，泰半要抬出一些大道理，交代几句场面话，为"不正经"的内容赋一层理论上的正当性。李渔的《闲情偶寄》就是一部真正意义上的闲书，书的一半篇幅在论述戏剧编排，一半在谈府邸装修、家具器玩、饮食、种花和养生，教人提升生活品质，娱悦自己和亲朋。

人生一世，生命的美好，生活的欢乐，正该尽情感受，这样的观念早已为今人熟悉，但在李渔的时代，依然会被指责为腐朽堕落。李渔不惮辞费地架设盾牌，不但是为了畅所欲言，也是在为他的追随者辩护。

《闲情偶寄·饮馔部》里提到的第一种食物是笋，李渔谓之"蔬食中第一品，肥羊嫩豕，何足比肩"，猪肉、羊肉与笋简直没法儿比。

吃笋要向山林中求取，讲究一个鲜灵，城市栽培的笋怎么都缺少一丝灵气。吃笋的方法很多，一言以蔽之，"素宜白水，荤用肥猪"。白水煮熟，点几滴酱油，清风莹玉，晴天一碧，便是绝妙隽品，根本无须假于他物。有的人吃笋，拌上一坨佐料，反而尽夺笋的天然真味。倘若要与肉同煮，那么牛羊鸡鸭皆非良伴，最宜配笋的只有猪肉，特别是与肥肉同煮。李渔指出，肥肉味"甘"，与笋的鲜味相得益彰，行将煮熟之际，将肥肉全部去掉，汤也弃去一半，调以清汤、醋和酒，此时的笋得肥肉滋养，鲜性焕发，不可方物。烧笋的汤也不妨保留，做菜取来调味，食客往往只觉鲜得厉害，却品不出这异鲜自何而来。

李渔之后，笋煨肉继续风行三百多年。梁实秋在《雅舍谈吃》中说："无竹令人俗，无肉令人瘦，若要不俗也不瘦，餐餐笋煮肉。"竹笋、猪肉是天作之合，这组搭档的几道升级之作——南肉春笋、腌笃鲜，如今俨然成为长三角家常菜的名宿。

得到李渔盛赞的还有蕈子、黄芽菜、莼菜。但李渔也不是所有蔬菜都喜欢，对于蒜、葱、韭这几样佛家所说的"荤物"，敬而远之。对此三荤，李渔的态度也不尽一致，葱偶尔取为佐料，韭菜嫩芽亦可接受，唯独蒜，"永禁弗食"，坚决不碰，原因是受不了大蒜产生的秽气。那个时代尚未普及刷牙，李渔大概也不清楚咀嚼苹果或薄荷叶这类富含酚类化合物的东西能够去除大蒜留在口腔中的异味。

不过，李渔也有重口味的时候，他自道每餐必备"芥辣汁"，也就是稀释的芥末酱，要求越辣越好。他把芥末比作正直精警之论，令困者忘倦，心怀爽畅，大呼过瘾。

中餐的芸芸主食，面条与辛辣佐料搭配的例子比较多见，陕西的油泼辣子面，四川的担担面，山东人生吃大蒜配一切面，万马奔腾，各有各的劲烈。李渔吃面大概也是要佐"芥辣汁"，享受豪饮烈酒般的痛快。

李渔最喜欢的面条出自他自家厨房，在他看来，外间面条皆无足观。外间面条，油盐酱醋等作料皆下于面汤之中，汤有味而面无味，是以人之所重者，在汤而不在面。食客评价哪家面馆好吃，实际上是在评价哪家面馆的汤味道好，而不是面做得好。

李渔对此不以为然，他指导家厨做了两种面：一名"五香面"，一名"八珍面"，五香膳己，八珍饷客，区别只在用到的食材丰俭，制法是一样的。所谓五香：酱、醋、花椒末、芝麻，最后一香指笋或蕈子煮虾之汤。用这五味香鲜之物和面，擀得极薄，切得极细，沸水一滚，不必再调汤味，精粹尽在面中。

李渔一生燕居江南，自来"南米北面"，他一日三餐，两餐米饭，一餐面条。平常吃饭也就罢了，宴客的时候若用米饭，李家又有一种别开生面的做法。他说："予尝授意小妇，预设花露一盏，俟饭之初熟而浇之，浇过稍闭，拌匀而后入碗。"请小妾备一盏花露，待米饭刚刚蒸熟时浇下，再闷上片刻，拌匀盛出。如此，米饭带有花香，宾客不明真相，往往诧为异种稻米。李渔耽好莳花，他家的园子百卉千芳，花露要多少有多少。花露的选取，蔷薇、香橼、桂花三种最佳，其中玫瑰香气浓烈而特点突出，容易被辨认出来，那就露馅儿了。

谈过蔬菜、主食，接着谈肉类和水产。

李渔对吃肉心存顾忌，总怀疑吃肉使人变笨，依据就是《左传·庄公十年》中那句"肉食者鄙，未能远谋"。为什么肉食者会"鄙"，不善远谋？李渔推想，肉食者吃肉太多，被肥油蒙了心窍。俗话说"猪油蒙了心"，从这个角度解释"肉食者鄙"，也算别开生面。

肉食之中，他反对吃牛肉和狗肉，因为牛耕地、狗护宅，"二物有功于世"。而雄鸡报晓也算有功，但是天亮不亮不在于鸡报不报晓，鸡不报晓，天也要亮，这样想，鸡就没什么功劳了，但吃无妨。鸭子更没什么功劳，李渔的意思，鸭子这种动物是家禽中最懂养生的，很值得一吃。何以见得？从挑选鸭子的标准上就看得出来。大家买家禽，其他禽类多选雌的，只有鸭子，视雄鸭为贵；其他家禽要选嫩的，只有鸭子，老的为妙。所以有句话叫"烂蒸老雄鸭，功效比参芪"。李渔解释说，这是因为其他禽类不善养生，雄性的精气被雌性所夺，长此以往，雄禽日益消瘦，雌禽越长越肥。鸭子就不同了，雄鸭不仅不瘦，且老而弥肥，食补功效堪比党参、黄芪。李渔由此断定，这必是雄鸭善于养生之故。那么人吃了善于养生的鸭子，岂不也等于养生？

李渔的"毒脑洞"尚不止于此，他接着论述吃鱼的必要性，说鱼虾之属产卵太多，如果不加捕食，将繁衍得无穷无尽，总有一天，会把江河堵塞填满，渔民适当捕捞，就等于清理河道了。吃鱼首重在鲜，其次看肥不肥，如果一条鱼既肥且鲜，那就无可挑剔。当然，这两点，不同的鱼各有侧重，像鲟鱼、鳜鱼、鲫鱼、鲤鱼凭鲜取胜，适合清炖；鳊鱼、白鱼、鲥鱼、鲢鱼，吃就吃它们的肥，味道可以做重一些。

煮鱼切忌水多，以刚刚没过鱼身最宜，水多添一分，鱼的味道就会冲淡一分。当时的厨子婢女想给自己捞点鱼汤喝，便反复加水，搞得鱼汤一淡再淡，有的东家可怜下人，放任其事，只好委屈宾客吃清汤寡水了。要想杜绝此弊，不若改煮为蒸。清蒸最能保持食材全形全味，使鲜肥进出，又不失天真。一盘鱼淋几盏陈酒、酱油，上覆瓜、姜、蕈子、笋诸般鲜物，猛火蒸透，表面波澜不惊，而鲜味藏敛，低回悱恻，不尽缠绵。

"从来至美之物，皆利于孤行"，鲜味取胜的食材都适合单独烹制，烹制之法去繁尚简，笋、鱼、蟹皆如是。蟹之鲜而肥，香而滑，蟹白似玉而蟹黄似金，已造色、香、味三者之至极，完全用不着劳心费力，琢磨什么复杂的做法，更不必画蛇添足，引入其他味道。整蟹清蒸，贮以冰盘，自剥自食，吃得十根指尖鲜气激射，就是美食享受的尽头。

像李渔这样的生活家从来不会吝惜满足自己，他写作、开书店、巡回演出拉赞助，奔波劳碌，无非是为了多赚银两，住想住的房子，吃想吃的东西。他一生走南闯北，尝遍天下美食，独令他由嗜而痴、由痴而癖的只有蟹之一味，他自道"终身一日不能忘之"，生命中的每一天都在惦记吃蟹。每年未及入秋，先拨出一部分预算备在那里，任何人都不许动用，作为买蟹专项基金。从螃蟹上市第一天起，直到蜡梅吐蕊，六街三市再也买不到一只活蟹，其间数月，未尝一日或缺。

他吃蟹太多，有时不免为蟹考虑，说："此一事一物也者，在我则为饮食中痴情，在彼则为天地间之怪物矣。"对李渔而言，蟹是他的情之所钟，站在蟹的角度，李渔实在是天地间一大恐怖怪物。